# 패션디자이너
## 어떻게
## 되었을까
### ?

꿈을 이룬 사람들의 생생한 직업 이야기 39편

패션디자이너 어떻게 되었을까?

1판 1쇄 찍음 2022년 2월 25일
1판 2쇄 펴냄 2023년 3월 10일

| | |
|---|---|
| 펴낸곳 | ㈜캠퍼스멘토 |
| 저자 | 이사라 |
| 책임 편집 | 이동준 · 북커북 |
| 진행 · 윤문 | 북커북 |
| 연구 · 기획 | 오승훈 · 이사라 · 박민아 · 국희진 · 김이삭 · 윤혜원 · ㈜모야컴퍼니 |
| 디자인 | ㈜엔투디 |
| 마케팅 | 윤영재 · 이동준 · 신숙진 · 김지수 · 김수아 · 김연정 · 박제형 · 박예슬 |
| 교육운영 | 문태준 · 이동훈 · 박홍수 · 조용근 · 황예인 |
| 관리 | 김동욱 · 지재우 · 임철규 · 최영혜 · 이석기 |
| 발행인 | 안광배 |

| | |
|---|---|
| 주소 | 서울시 서초구 강남대로 557 (잠원동, 성한빌딩) 9층 (주)캠퍼스멘토 |
| 출판등록 | 제 2012-000207 |
| 구입문의 | (02) 333-5966 |
| 팩스 | (02) 3785-0901 |
| 홈페이지 | http://www.campusmentor.org |

ISBN 978-89-97826-99-5 (43570)

ⓒ 이사라 2022

현직
패션디자이너들을
통해 알아보는
리얼 직업
이야기

# 패션디자이너
## 어떻게

How did they become
Fashion designers?

## 되었을까?

CampusMentor
캠퍼스멘토

## " 도움을 주신
## 패션디자이너들을
## 소개합니다 "

### 학생교복 <스쿨룩스> 실장
### 권봉숙 디자이너

- 현) 스쿨룩스 권봉숙 디자인 실장
- 스쿨룩스 학생복 (2011~2021)
- 아이비클럽 학생복 (2005~2010)
- 청주 서원대학교 의류직물학과
- 청주 일신 여자 고등학교

### 유아동복 <우이동금손> 대표
### 김현수 디자이너

- 현) 우이동금손 대표
- 우이동금손 브랜드 론칭
- 호주/미국 등 해외어학연수 및 워킹홀리데이
- 라사라패션학원 이수
- 대입검정고시

### 웨딩드레스 <포마이시스> 대표
### 오가윤 디자이너

- 현) 포마이시스 대표
- 이승진웨딩 근무
- 러시아, 바로셀로나 등 해외박람회 참가
- 성균관대학교 의상디자인 대학원 졸업
- Kaplan International English(어학연수)
- 중앙여자고등학교

## 아동복 <PUMA KIDS> 팀장
# 백수아 디자이너

- 현) 코웰패션 아동기획팀 PUMA KIDS 팀장
- 블루미 '위시키즈' 팀장
- 이랜드 중국 '포인포' 디자인실
- 이랜드 '치크&트리시' 브랜드 론칭
- 꼬망스 '페리미즈' 디자인실
- 대구대학교 패션디자인과

## 성인복 패션 <pillé> 대표
# 정성필 디자이너

- 현) pillé 대표
- 디자인회사 인턴
- 경성대학교 제품디자인학과
- 부산디자인고등학교

## 전통한복 <자연스리> 대표
# 이슬기 디자이너

- 현) 전통한복 <자연스리> 대표
- 前 이가경 한복 부원장: 늘꿈 생생 인터뷰 멘토링, 뉴스채널 멘토링 인터뷰
- 세계일보 한복디자이너 인터뷰, mbc 대한외국인 한복협찬, MBC복면가왕 카이 한복협찬, JTBC쌍갑포차 7화 한복협찬, MBN 보이스퀸 한복협찬
- 명지대학교 졸업

이 책의 구성

## Chapter 2
# 패션디자이너의 생생 경험담

**Chapter 3**

# 예비 패션디자이너 아카데미

CHAPTER

| 1 |

# 패션디자이너,

## 어떻게
## 되었을까
## ?

# 패션디자이너란?

## 패션디자이너(Fashion designer)

새로운 패션에 관한 디자인을 창조하는 사람을 일컫는다. 오늘날의 패션 비즈니스에 있어서는 상품의 개성, 특징이 디자이너에 의해서 결정되므로 그 역할은 중요하다. 작품의 창조성에 의해서 평가되는 톱 클래스의 사람들뿐만 아니라 기업 속에서 소비자의 기호나 변화에 따른 상품기획을 실행하는 기업 디자이너 등이 있으며, 각각 요구되는 요소에 차이가 있다.

■ 패션디자이너가 하는 일

• 패션디자이너는 직물, 가죽, 비닐 등 여러 가지 소재로 남성복, 여성복, 아동복, 란제리 등의 옷을 디자인한다.

• 통상 시즌이 시작되기 6개월 전부터 해외의 패션 흐름 등을 분석하고, 유행 경향, 재료, 색의 조화 등에 관한 자료를 종합적으로 비교, 분석하여 새로운 의상디자인을 기획한다.

• 기획된 모든 자료를 기초로 디자인을 설계하고 샘플 제작서를 작성하며, 소비자의 성별과 연령에 맞는 새로운 디자인을 도식화(일러스트화)한다.

• 디자이너가 그린 도식(일러스트)은 옷을 만드는 작업장으로 보내져 견본 의상으로 제작되고, 견본 의상을 입어 보는 피팅 모델을 통해 옷의 착용감 등을 파악한 후 디자인의 수정 보완을 거쳐 실제 제작에 들어간다.

출처: 패션전문자료사전/ 커리어넷

# 패션디자이너의 직업전망

향후 10년간 패션디자이너의 고용은 현 상태를 유지하는 수준이 될 것으로 전망된다. 「중장기 인력수급 수정 전망 2015~2025」(한국고용정보원, 2016)에 따르면, 패션디자이너는 2015년 약 35.3천 명에서 2025년 37.0천 명으로 향후 10년간 약 1.7천 명(연평균 0.5%) 정도 다소 증가해 현 상태를 유지할 전망이다.

패션디자이너가 주로 근무하는 의류업계는 경기의 영향을 크게 받는다. 과거 20여 년간 국내 패션 시장은 성장기에 있었으나 이제 저성장 시대로 진입했다는 전망이 지배적이다. 장기적인 경기 침체로 소비심리가 위축되면서 의류 소비에 부정적인 영향을 미치고 있고, 해외 브랜드 선호도가 높아지면서 해외 브랜드의 국내 진출이 크게 늘었다. 또한 해외 직구 같은 제품 구매 방식이 보편화되면서 소비자들이 해외 브랜드 의류를 쉽게 구매할 수 있게 되면서 국내 패션업계는 해외 브랜드와 치열한 경쟁을 해야 하는 상황에 놓였다.

의류 등을 구매하는 형태도 오프라인보다는 온라인으로 이뤄지는 경우가 많고, 패션 대기업들은 브랜드를 축소하거나 통합을 추구하고 있어 신규 고용이 확대되기는 어려울 전망이다. 그 때문에 패션디자이너의 일자리는 온라인 쇼핑몰이나 개별 브랜드를 창업하는 형태로 이동하는 경향이 두드러질 것으로 보인다. 실제 온라인 쇼핑몰을 중심으로 중저가 쇼핑몰이 성장하고 해외 진출이 활발한 업체들이 늘어나고 있다. 따라서 온라인 유통 비중이 높은 신진 패션업체를 중심으로 패션디자이너의 활동이 상대적으로 활발한 것으로 전망된다. 또한, 소비 침체에 따라 비교적 가격이 저렴하면서 소비 욕구를 충족시킬 수 있는 주얼리, 가방, 속옷 등의 디자인 분야에서 수요가 좀 더 나타날 것으로 보인다. 대신 섬유산업의 위축 및 생산기지의 해외 이전 등으로 직물디자이너의 수요는 감소할 것으로 전망된다.

| 전망요인 | 증가요인 | 감소요인 |
|---|---|---|
| 가치관과 라이프스타일 변화 | 개인의 개성 표현 중시 | 해외 패션 브랜드 선호 |
| 과학기술 발전 | 온라인 결제시스템 대중화, 기능성 의류 및 섬유 개발 | |
| 기업의 경영전략 변화 | 온라인 유통비중 확대 | 패션 브랜드 축소 및 통합, 생산 기지 해외 이전 |
| 산업특성 및 산업구조 변화 | 온라인 쇼핑몰 및 개별 브랜드 창업 증가 | |

대기업 등 근무환경이 좋은 업체들의 경우, 경력직 패션디자이너를 위주로 채용하는 경향이 지속될 전망이다. 이에 따라 자신만의 브랜드를 만들어 창업의 방식으로 활동하는 신진 디자이너의 활동은 활발하지만, 대기업 입직에 있어 신규인력의 진입장벽은 다소 높게 유지될 전망이다. 한편, 전문대학과 대학교, 패션 관련 각종 사설 교육기관에서 배출되는 인력들이 많은 편이고 인력 수요는 한정되어 있어 패션디자이너로 신규 진입해 입지를 다지기 위해서는 치열한 경쟁을 치러야 할 것으로 보인다.

◆ 재직자들이 생각하는 일자리 전망 (워크넷 2019년 조사)

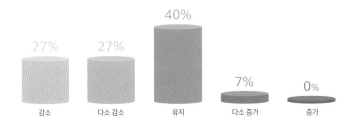

출처: 직업백과/워크넷

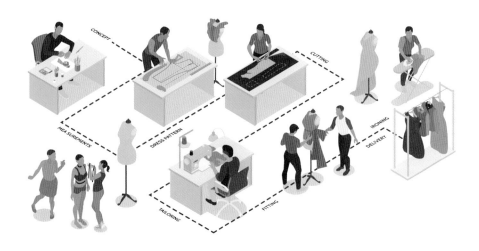

# 패션디자이너의 주요 업무능력

[적성 및 흥미]

디자인에 대한 이해뿐만 아니라 창의성, 색채감각, 섬세함 등이 필요하며, 패션업계의 흐름을 파악할 수 있어야 한다. 옷을 그림으로 표현하는 드로잉 실력 외에 많은 표현 방법이 컴퓨터로 작업되기 때문에 일러스트 등 작업 툴을 능숙하게 다룰 수 있어야 한다.

패션 감각을 익히는 것도 중요하다. 자신이 만든 옷이나 마음에 드는 옷을 입어보면서 스타일링을 하거나 옷의 문제점을 파악하는 등, 직접 옷을 몸으로 느끼는 게 중요하다. 처음에 입사하면 보통 피팅을 해보는 경우가 많은데, 이때도 옷을 직접 느끼며 감각을 키울 수 있어야 한다.

팀을 이루어 작업하는 경우가 많아 팀워크를 잘 이룰 수 있는 원만한 대인관계를 갖춰야 한다. 타부서와 협력하는 일, 그리고 클라이언트와 의사소통하는 일이 많은 편이고, 매장에 나가 판매 분위기를 살펴보거나 사람들에게 의견을 물어보는 등 의견을 주고받고 정리하는 경우가 많아 의사소통능력이 중요하다. 미국이나 중국 등 패션업계 수출입 국가들과 이메일 및 구두로 이야기할 때가 생길 수 있어 어학 실력을 키우는 것도 중요하다.


[경력 개발]

주로 의류회사, 섬유회사, 개인 의상실 등으로 진출하며 자신이 직접 의상실을 경영하기도 한다. 의류업체에서의 경험을 살려 수입의류 브랜드의 머천다이저(MD, 상품기획자)로 진출하거나 패션 감각을 살려 스타일리스트가 되거나, 자신만의 브랜드를 내건 의류업체나 의류 관련 온라인 쇼핑몰을 창업할 수 있다. 규모가 큰 의류업체의 경우, 대부분 관련 전공의 대학교 졸업 이상인 자를 중심으로 채용하는 편이다. 회사에 따라 정식직원으로 채용되기 전 일정 기간 디자이너가 지녀야 할 자질과 능력을 평가하는 인턴제를 시행하기도 하며, 실무경험의 기회를 제공하는 연수제를 운용하기도 한다.

채용은 공개채용이나, 교육기관 및 교수에 의한 추천 등을 통해 이루어진다. 일반적으로 서류전형, 필기시험, 포트폴리오, 면접 등을 거쳐 채용하는데, 대기업일수록 채용 전형이 어렵고 까다로운 편이다. 디자이너의 역량과 디자이너가 속한 업체의 특성에 따라 다소 차이가 있지만, 최소 5년 정도의 경력을 쌓아 팀장의 위치에 오를 수 있으며, 이후 전체 디자인실을 총괄하고 디자인 기획과 브랜드 관리를 담당하는 실장으로 승진할 수 있다.

| 능력/지식 | 해당능력 | 설명 |
|---|---|---|
| 업무수행능력 | 창의력 | 주어진 주제나 상황에 대하여 독특하고 기발한 아이디어를 산출한다. |
| | 듣고 이해하기 | 다른 사람들이 말하는 것을 집중해서 듣고 상대방이 말하려는 요점을 이해하거나 적절한 질문을 한다. |
| | 판단과 의사결정 | 이득과 손실을 평가해서 결정을 내린다. |
| | 선택적 집중력 | 주의를 산만하게 하는 자극에도 불구하고 원하는 일에 집중한다 |
| | 기억력 | 단어, 수, 그림 그리고 철자와 같은 정보를 기억한다. |
| | 정교한 동작 | 손이나 손가락을 이용하여 복잡한 부품을 조립하거나 정교한 작업을 한다. |
| | 품질관리분석 | 품질 또는 성과를 평가하기 위하여 제품, 서비스, 공정을 검사하거나 조사한다. |
| | 가르치기 | 다른 사람들에게 일하는 방법에 대해 가르친다. |
| | 시간 관리 | 자신의 시간과 다른 사람의 시간을 관리한다. |
| | 신체적 강인성 | 물건을 들어 올리고, 밀고, 당기고, 운반하기 위해 힘을 사용한다. |
| 지식능력 | 디자인 | 밑그림, 제도와 같이 디자인에 필요한 기법 및 도구에 관한 지식 |
| | 예술 | 음악, 무용, 미술, 드라마에 관한 지식 |
| | 상품 제조 및 공정 | 상품의 제조 및 유통을 효율적으로 하기 위해 필요한 원자재, 제조공정, 품질관리, 비용에 관한 지식 |
| | 사회와 인류 | 집단행동, 사회적 영향, 인류의 기원 및 이동, 인종, 문화에 관한 지식 |
| | 심리 | 사람들의 행동, 성격, 흥미, 동기 등에 관한 지식 |
| | 영어 | 영어를 읽고, 쓰고, 듣고 말하는데 필요한 지식 |
| | 영업과 마케팅 | 상품이나 서비스를 판매하거나 촉진을 하는 것에 관한 지식 (마케팅 전략, 상품의 전시와 판매기법, 영업관리 등) |
| | 운송 | 비행기, 철도, 선박 그리고 자동차를 통해 사람들과 물품을 움직이는 원리와 방법에 관한 지식 |
| | 역사 | 역사적 사건과 원인 그리고 유적에 관한 지식 |
| | 화학 | 물질의 구성, 구조, 특성, 화학적 변환과정에 관한 지식 |

출처: 커리어넷 / 워크넷

# 패션디자이너의 자질

○──── **어떤 특성을 가진 사람들에게 적합할까?** ────○

- 창의성과 색채감각, 조형미, 미적 감각, 유행 감각 등을 갖추고 있어야 한다. 디자인, 의복에 대한 지식뿐 아니라 사회학, 심리학에 대한 기본 지식이 필요하다.
- 함께 작업하는 경우가 많기에 협동하는 마음 자세가 필요하며 강한 체력과 인내심 등이 요구된다.
- 예술형과 탐구형의 흥미를 지닌 사람에게 적합하며, 적응성, 혁신, 인내심 등의 성격을 가진 사람들에게 유리하다.

출처: 커리어넷

## 패션디자이너와 관련된 특성

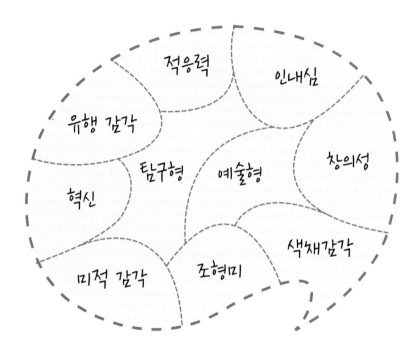

적응력
인내심
유행 감각
창의성
탐구형
예술형
혁신
색채감각
미적 감각
조형미

# 패션디자이너가 되려면?

## ■ 정규 교육과정

- 패션디자이너가 되기 위해서는 전문대학과 대학교에서 의상디자인학, 패션디자인과, 의류 (의상)학 등을 전공하면 유리하다.
- 관련학과의 교육과정에는 복식사, 의복재료론, 의상심리학, 코디네이션기법 등의 이론과 의 상디자인에 대한 실기가 포함되어 있다. 또한 마케팅, 머천다이징과 관련한 교과목이 포함 되어 상품으로서의 의상을 팔기 위한 전략도 배우게 된다.

## ■ 직업 훈련

사설 교육기관에서 패션디자인, 의류 제작에 관한 교육을 받을 수 있다.

## ■ 입직과 취업 방법

패션디자이너는 주로 의류회사, 섬유회사, 개인 의상실 등으로 진출하며 자신이 직접 의상실을 경영하기도 한다. 채용은 보통 공개채용, 교육기관과 교수에 의한 추천 등을 통해 이루어진다.

## ■ 관련 자격증

### ◆ 의류기사

특정 다수 소비자가 요구하는 상품성과 품질을 갖춘 의류제품을 대량 생산하기 위해 상품기획에서 결정된 디자인을 각종 원부자재를 이용하여 패턴제작, 재단, 봉제 등 전 공정에 관한 내용 등을 평가한다.

① 시 행 처 : 한국산업인력공단
② 관련학과 : 전문대학 또는 대학의 의류학, 의류직물학 관련학과
③ 시험과목
  - 필기(5과목) 1. 피복재료학 2. 피복환경학 3. 의복설계학 4. 봉제과학 5. 섬유제품시험법 및 품질관리
  - 실기 : 피복과학, 피복설계 및 제작 실무
④ 검정방법
  - 필기 : 객관식 4지 택일형 과목당 20문항(과목당 30분)
  - 실기 : 복합형[필답형(1시간 30분) + 작업형(6시간 정도)]

⑤ 합격기준
- 필기 : 100점을 만점으로 하여 과목당 40점 이상, 전과목 평균 60점 이상
- 실기 : 100점을 만점으로 하여 60점 이상

## ◆ 패션디자인산업기사

패션상품 디자인 기획을 통해 컬러, 소재, 스타일 등 디자인 요소를 분석, 선별하고 패션디자인 및 시제품을 개발, 평가하여 기능성과 심미성 있는 패션 제품 등의 내용을 평가한다.

① 시 행 처 : 한국산업인력공단
② 관련학과 : 전문대학의 의상디자인, 패션디자인 관련학과
③ 시험과목
- 필기(4과목) : 1. 패션트렌드 분석 2. 패션상품 디자인기획 3. 샘플패턴 제작 4. 시제품 개발
- 실기 : 패션디자인 및 패턴제작 실무
④ 검정방법
- 필기 : 객관식 4지 택일형 과목당 20문항(과목당 30분)
- 실기 : 작업형(6시간 정도)
⑤ 합격기준
- 필기 : 100점을 만점으로 하여 과목당 40점 이상, 전과목 평균 60점 이상.
- 실기 : 100점을 만점으로 하여 60점 이상.

◎ 국가기술자격의 현장성과 활용성 제고를 위해 국가직무능력표준(NCS)를 기반으로 자격의 내용 (시험과목, 출제기준 등)을 직무 중심으로 개편하여 시행하고 있다. (적용시기 2020.1.1.부터)

- 필기 시험과목

| 과목명 | 활용 NCS 능력 단위 | NCS 세분류 |
|---|---|---|
| 패션트렌드 분석 | 패션상품 판매분석 | 패션기획 |
| | 자사 브랜드 전략 분석 | 비주얼 머천다이징 |
| | 패션디자인 자료수집 | 패션디자인 |
| 패션상품 디자인 기획 | 패션상품 기획 | 패션기획 |
| | 패션디자인 기획 | 패션디자인 |
| | 패션디자인 개발 | |
| 샘플패턴 제작 | 패션상품 생산준비 | 패션디자인 |
| | 패션상품 생산투입 | |
| | 핏 경향 분석 | 패턴 |
| | 샘플패턴 수정 | |
| | 샘플패턴 제작 | |

| 시제품 개발 | 패션상품 시제품 개발기획 | 패션디자인 |
| | 패션상품 시제품 개발 | |
| | 패션디자인 커뮤니케이션 전략지원 | |
| | 패션 상품 QC샘플 검사 | 패턴 |

• 실기 시험과목

| 과목명 | 활용 NCS 능력 단위 | NCS 세분류 |
|---|---|---|
| 패션디자인 및 패턴제작 실무 | 패션상품 판매분석 | 패션기획 |
| | 패션 상품기획 | |
| | 패션디자인 개발 | 패션디자인 |
| | 패션상품 시제품 개발기획 | |
| | 패션상품 시제품 개발 | |
| | 패션상품 생산준비 | |
| | 패션상품 생산투입 | |
| | 패션디자인 커뮤니케이션 전략지원 | |
| | 패션디자인 기획 | |
| | 핏 경향 분석 | 패턴 |
| | 샘플패턴 수정 | |
| | 자사브랜드 전략 분석 | 비주얼 머천다이징 |

## ◆ 섬유디자인산업기사

① 시 행 처 : 한국산업인력공단
② 관련학과 : 대학 및 전문대학의 디자인, 섬유디자인 관련학과
③ 시험과목
  - 필기 : 1. 디자인개론 2. 색채학 3. 섬유재료학 4. 날염학
  - 실기 : 섬유디자인 실무 작업
④ 검정방법
  - 필기 : 객관식 4지 택일형, 과목당 20문항(과목당 30분)
  - 실기 : 작업형(5시간 30분)
⑤ 합격기준
  - 필기 : 100점을 만점으로 하여 과목당 40점 이상, 전과목 평균 60점 이상
  - 실기 : 100점을 만점으로 하여 60점 이상

출처: 커리어넷/ Q-넷

**Q** <u>"패션디자이너에게 필요한 자질은 어떤 것이 있을까요?"</u>

**톡(Talk)!**
**김현수**

### 디자인을 향한 재미와 열정만 있다면 충분해요.

세상에 힘들지 않은 일은 없어요. 그렇지만 재미없는 일은 많아요. 디자이너를 꿈꾸는 누군가에게 묻고 싶어요. "이 일이 재미있나요?" "그렇다"라고 하는 분이라면 이미 디자이너가 될 충분한 자질을 갖추고 있다고 봐요. 재미있는 일은 어려움을 잊게 하거든요. 의류를 제작하는 일은 정말 신나고 재미있어요. 머릿속에 있던 그림이, 상상이 현실이 되는 순간을 만끽할 수 있으니까요. 그 과정이 복잡하고 힘든 건 사실이지요. 그래도 정말 재미있으니 그 과정 또한 즐겁게 느껴진답니다. 또한 성실과 끈기와 열정은 그 재미를 극대화할 수 있는 자질이라고 할 수 있겠네요.

**톡(Talk)!**
**백수아**

### 책임감과 함께 팀워크를 중요시해야 합니다

회사의 규모가 크고 작은 것을 떠나서 공동의 가치와 팀워크가 중요합니다. 그리고 맡겨진 일에 최선을 다해서 결과물을 만들어 내는 책임감도 필요하고요.

## 꼼꼼한 자세와 세심한 관찰력이 필요해요.

학교마다 고유 디자인이 있고, 디자인, 배색 너비, 처리 방법 등이 모두 달라요. 매년 같은 디자인으로 생산되어야 하기에 재현성 관리가 매우 중요하죠. 그렇기에 학교별 디자인에 대한 표준정보와 이력 관리(진행 스타일 정리)가 필수랍니다. 이러한 업무를 진행하려면 무엇보다 꼼꼼한 성격이 제일 우선시 되는 것 같아요. 신규 학교 디자인을 표준화하거나 변경된 학교 디자인을 표준화할 때 꼼꼼하게 관찰해서 작업 지시서를 생성해야 하고, 생성된 작업 지시서는 매년 변화된 내용을 직업지시서에 꼼꼼히 기록하여 이력 관리가 이루어지도록 해야 합니다. 꼼꼼하게 관찰하지 않으면 3버튼 재킷을 착용하는 학교 디자인을 2버튼 재킷으로 만드는 사고가 날 수 있어요.

## 감각과 더불어 트렌드와 조화시키는 능력이 있어야 합니다.

단연코 감각이라고 생각해요. 드레스는 굉장히 클래식한 의복이기에 웬만한 디자인의 요소들이 거의 비슷비슷해요. 그래서 그것을 나만의 감각으로 남들보다 빠르게 읽어내는 게 중요하답니다. 그리고 나의 감각을 트렌드와 함께 조화롭게 녹여내는 능력이 필요하죠. 그런 감각을 잃지 않으려고 매거진을 스크랩하는 작업을 꾸준히 하고 있답니다.

톡(Talk)!
정성필

## 디자인에 관한 관심과 열정이 중요해요.

　어떤 디자인이든, 자신이 하고자 하는 디자인 분야에 대한 열정이 있어야 합니다. 패션, 제품, 시각 디자인 등 여러 세부 분야에 디자이너가 있지만, 그 분야에 관심과 열정만 있다면 충분히 훌륭한 디자이너가 될 수 있다고 생각해요.

톡(Talk)!
이슬기

## 고객과의 소통과 희생정신을 요구합니다.

　가장 기본적인 것은 고객 응대죠. 그리고 응대를 위한 센스가 필요해요. 고객이 무엇을 원하시는지 재빨리 캐치하여 그 사람에게 맞는 한복을 기획하고 디자인해야 합니다. 아무리 디자인을 잘해도 그 사람에게 맞는 옷을 입혀주지 못하면 결국 그건 디자이너의 자질이 부족하다고 볼 수 있죠. 그리고 한복은 좋은 날, 특별한 날에 입는 옷인 만큼 최선을 다해 고객에게 헌신하는 '희생정신'이 필요할 것 같네요.

내가 생각하고 있는 패션디자이너의
자질에 대해 적어 보세요!

# 패션디자이너의 좋은 점·힘든 점

| 좋은 점 |

## 다양한 종류의 옷을 디자인할 수 있어요.

일반 의류회사 디자이너들은 신입 때 치마나 바지만 몇 개월씩 디자인하는 게 보통이지만, 교복 디자이너는 신입 시절부터 바지, 셔츠, 재킷, 치마, 롱패딩, 야구점퍼, 후드티, 그리고 체육복까지 다양한 옷을 디자인할 수 있다는 게 좋은 점이에요.

| 좋은 점 |

## 클래식한 라인에 트렌드를 가미하는 즐거움이 있죠.

빠르게 변화하는 패션 시장과 달리, 클래식한 드레스의 라인들을 살리면서도 트렌드에 맞게 새롭게 디자인해 제작하는 작업이 굉장히 흥미롭고 매력적이랍니다.

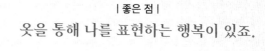

**톡(Talk)!**
**정성필**

| 좋은 점 |

## 옷을 통해 나를 표현하는 행복이 있죠.

제가 원하는 디자인으로 옷을 만들고 입고 다닐 수 있다는 게 좋아요. 그리고 필레라는 브랜드 이름은 저의 학창 시절부터의 별명이에요. 그래서 필레란 곧 나 자신이고 나를 표현하는 하나의 예술 방법이지요. 저는 이 브랜드를 통해 저를 보여주고 그것을 통해 행복을 많이 느끼고 있어요.

**톡(Talk)!**
**백수아**

| 좋은 점 |

## 인정받고 즐기면서 자신감 있게 일할 수 있어요.

제가 한 디자인을 좋아해 주는 사람들을 보면 뿌듯하고 정말 감사하죠. 어쨌든 제가 제일 자신 있게 할 수 있고, 인정받고 즐기면서 할 수 있는 분야죠.

| 좋은 점 |

## 저의 상상을 현실로 표현하는 기쁨이 좋아요.

어렸을 때 입어 보고 싶었던 혹은 제 아이에게 입혀주고 싶은 옷의 로망을 현실화할 수 있다는 점이에요. 그리고 제가 만든 옷을 입은 아기천사들을 마음껏 많이 볼 수 있는 특혜가 있지요. 제 작품을 제각기 매력으로 표현해주는 아이들의 모습을 볼 때면 '이 일을 참 잘했구나'하는 생각이 들거든요. 그게 가장 좋은 점이에요.

| 좋은 점 |

## 예쁜 우리 옷을 항상 볼 수 있어서 행복해요.

예쁜 우리 옷을 항상 볼 수 있다는 점이 좋죠. 일반 옷과 달리 특별한 날에 입는 우리나라 전통의상이잖아요. 신경 쓸 일도 많지만, 고객들이 만족해하시면서 찍으신 사진을 보여줄 때마다 보람을 느끼죠. 그리고 고객이 한복 피팅을 했을 때 예쁘게 완성하는 일이다 보니, 일 자체만으로도 장점이라고 볼 수 있겠네요.

| 힘든 점 |
## 창의적인 디자인 기회가 적어요.

교복 디자이너는 학교 규정에 맞춰 옷을 만들다 보니 창의적인 디자인을 진행하는 기회가 일반 의류회사 디자이너들보다 적어요. 그러다 보니 새로운 옷을 만들고 싶은 사람은 좀 재미없을 수 있을 것 같네요. 그렇다고 전혀 새로운 디자인을 할 수 없는 것은 아니랍니다. 2~3년에 한 번씩 카탈로그(신규 디자인 제안)를 만들기도 하고, 지면 촬영용 디자인을 할 때도 있죠. 이때는 다양한 디자인을 해볼 수 있답니다.

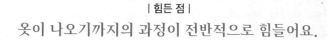

| 힘든 점 |
## 옷이 나오기까지의 과정이 전반적으로 힘들어요.

디자인하고 옷이 완성되기까지 모든 전반적인 업무들이 참으로 고된 과정들입니다. 혼자 운영하게 되면 경제적 부담도 되고 여러 가지를 혼자 진행해야 하죠.

| 힘든 점 |

## 경제 논리가 디자인을 막을 때 속상해요.

의류를 제작하는 과정에서 욕심이 커질수록 제작비용이 커진답니다. 고객과 소통하는 기업의 처지에서, 합리적인 가격으로 제작하기에 조금 부담될 때가 간혹 생겨요. 그럴 때는 마음과 생각에 담아둔 디자인이 세상에 나오지 못하게 되죠. 이때가 가장 안타깝고 힘든 것 같아요.

| 힘든 점 |

## 체력적인 소모가 크고, 주말을 포기해야 하죠.

많은 사람이 웨딩드레스 디자이너가 아름다운 드레스를 만지며 일하는 우아한 직업이라고 환상을 품고 있는 것 같아요. 하지만 한 벌에 3kg 넘는 드레스들을 짊어지며 제작하는 과정을 본다면 상상 속의 직업과는 다르다는 걸 곧바로 느끼실 거예요. 보이는 것과 달리 의외로 체력적인 소모가 많은 직업입니다. 또한 대부분 예식이 주말에 몰려있기에 이 직업을 갖게 된 이후로부터는 주말이 없어요. 저에겐 가장 긴장되고 예민해지는 요일이 주말인 것 같네요.

| 힘든 점 |

## 손을 많이 쓰는 일이어서 손 관리가 힘들어요.

겉모습에는 한복 디자이너가 화려해 보이지만, 사실은 손질이나 바느질할 게 너무 많아요. 특히 손빨래도 많이 한답니다. 그러다 보니 손이 항상 건조해서 잘 트죠.

| 힘든 점 |

## 디자인 과정이 예민하고 변수가 너무 많아요.

제 생각엔 디자이너라는 직업이 참 예민할 수밖에 없는 직업인 것 같아요. 옷이 진행되는 과정에서 변수가 너무 많아서 상황에 맞춰서 더 큰 문제가 생기지 않도록 잘 처리해야 하거든요. 그 상황을 즐기면 좋겠지만, 현실적으로 그게 잘 안되더라고요. 그리고 아동복 디자이너에게 가장 필요한 건 아이에 관해서 잘 알아야 해요. 성인과는 달리 착용 시 불편하면 아이들은 안 입거든요. 아이들의 옷이 본래의 의도와 다르게 상품으로 만들어지면 너무 속상하죠. 소재와 디자인 모두 신경을 써야 하는 게 어려움으로 다가오기도 하고요.

# 패션디자이너의 종사현황

◆ **패션디자이너 임금 수준**

패션디자이너
하위(25%) 3,079만원,
중위값 3,870만원,
상위(25%) 4,328만원

| | | |
|---|---|---|
| 3,079만원 | 3,870만원 | 4,328만원 |
| 하위(25%) | 평균(50%) | 상위(25%) |

◆ **패션디자이너 직업만족도**

패션디자이너에 대한 직업 만족도는 60.3% 정도이다. (직업만족도는 해당 직업의 일자리 증가 가능성, 발전가능성 및 고용안정에 대해 재직자가 느끼는 생각을 종합하여 100점 만점으로 환산한 값)

◆ **패션디자이너 일자리 전망**

[향후 10년간 취업자 수 전망]                                        (연평균 증감률 %)

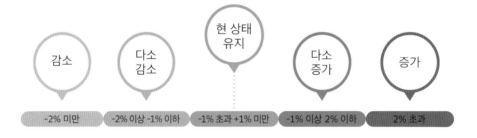

| 감소 | 다소 감소 | 현 상태 유지 | 다소 증가 | 증가 |
|---|---|---|---|---|
| -2% 미만 | -2% 이상 -1% 이하 | -1% 초과 +1% 미만 | -1% 이상 2% 이하 | 2% 초과 |

◆ **패션디자이너 근무 환경**

- 일자리 창출과 성장이 더디고, 취업 경쟁은 치열한 편이다.
- 정규직으로 고용되는 비율은 낮으나 고용은 잘 유지되는 편이다.
- 자기 계발 가능성과 승진, 직장이동의 가능성이 평균에 비해 높게 나타났다.
- 근무시간이 길고 불규칙하며, 정신적 스트레스가 심한 편이다.
- 디자인 감각과 관련 전문지식이 중요하며, 업무에서의 자율성과 권한이 높은 편이다. 사회적으로 평판이 좋으며 소명 의식 또한 높은 것으로 나타났다.
- 성별에 따른 차별이 없어 양성평등의 수준이 높은 것으로 나타났다.

출처: 커리어넷

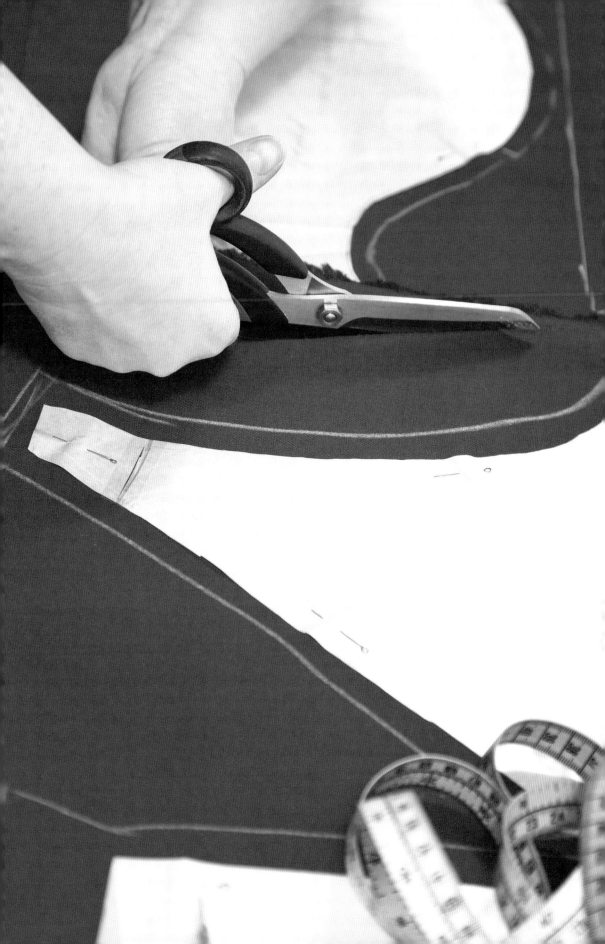

# 패션디자이너의

## 생생
## 경험담

# 미리 보는 패션디자이너들의 커리어패스

**권봉숙** 디자이너    청주 일신 여자고등학교, <br> 청주 서원대학교 의류직물학과   &gt;   아이비클럽 학생복

**김현수** 디자이너    대입검정고시, <br> 라사라패션학원이수   &gt;   호주/미국 등 해외어학연수 및 <br> 워킹홀리데이

**오가윤** 디자이너    중앙여자고등학교   &gt;   성균관대학교 의상디자인 <br> 대학원 졸업

**백수아** 디자이너    대구대학교 패션디자인과   &gt;   꼬망스 '페리미츠' 디자인실 <br> 이랜드 '치크&트리시' 브랜드 론칭

**정성필** 디자이너    부산디자인고등학교   &gt;   경성대학교 제품디자인학과

**이슬기** 디자이너    명지대학교 졸업   &gt;   세계일보 한복디자이너 인터뷰, <br> mbc 대한외국인 한복협찬, MBC <br> 복면가왕 카이 한복협찬 외 다수

| | |
|---|---|
| 스쿨룩스 학생복 | 현) 스쿨룩스 디자인 실장 |
| 우이동금손 브랜드 론칭 | 현) 우이동금손 대표 |
| 이승진웨딩 근무 | 현) 포마이시스 대표 |
| 이랜드 중국 '포인포' 디자인실<br>블루미 '위시키즈' 팀장 | 현) 코웰패션 아동기획팀<br>PUMA KIDS 팀장 |
| 디자인회사 인턴 | 현) pillé 대표 |
| 前 이가경 한복 부원장: 늘꿈 생생 인터뷰<br>멘토링, 뉴스채널 멘토링 인터뷰 | 현) 전통한복 <자연스리> 대표 |

학창 시절부터 활발한 성격으로 주변 친구들과 원만한 관계를 유지하며 리더십을 발휘하는 성향이었다. 수능을 앞두고 IMF 사태로 인해 아버지의 사업이 위기를 맞이한다. 이것을 계기로 현실에 더욱 충실하게 되었고, 결국 의류직물학과에 진학하였다. 어려운 상황에서도 다양한 아르바이트와 더불어 여행, 사람과의 소통을 소중히 여기며 살았다. 그리고 대학 교수님의 추천으로 교복 회사에 취업하게 되었다. 2005년부터 지금까지 '1318 학생'들을 위한 교복을 전문적으로 디자인하고 있는 현재 교복 대표 브랜드인 스쿨룩스의 디자인 실장으로 근무 중이다.

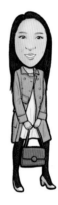

### 학생교복 <스쿨룩스> 실장
# 권봉숙 디자이너

현) 스쿨룩스 권봉숙 디자인 실장
• 스쿨룩스 학생복 (2011~2021)
• 아이비클럽 학생복 (2005~2010)
• 청주 서원대학교 의류직물학과
• 청주 일신 여자 고등학교

# 패션디자이너의 스케줄

**권봉숙**
디자이너의
**하루**

**06:00 ~ 8:30**
▶ 기상 및 출근
**08:30 ~ 9:00**
▶ 업무처리 중요도에
   따라 순서 정하기

**17:30 ~ 24:00**
▶ 퇴근 및 누군가의
   아내로, 엄마로 출근
**24:00~**
▶ 취침

**14:30 ~ 17:30**
▶ 워크숍 자료 준비,
   21년 리뷰,
   22년 기획안,
   4사 제품 분석 자료
   정리 등

**09:00 ~ 11:30**
▶ 학생복 시스템 검색
   담당 상권 수주분
   작업 지시서 디자인
   승인

**12:30 ~ 13:30**
▶ 지면 촬영을 위한
   스크랩 작업
**13:30 ~ 14:30**
▶ 지면 촬영을 위한
   모델 사이즈 체촌 진행

**11:30 ~ 12:30**
▶ 점심 식사

활발한 성격,
다양한 경험

▶ 초등학교 1학년

▶ 초등학교 무용반

▶ 중학교 트레킹반 (음성군 삼성중학교)

**학창 시절을 어떻게 보내셨나요?**

무용반에서 현대무용을 배워서 대회도 나가고, 소풍이나 운동회 같은 행사 때에는 친구들과 선생님의 권유에 부끄러워하면서도 앞에 나가서 신나게 몸을 흔들던 흥이 많은 아이였죠. 성적은 중상위권을 유지하며 선생님, 부모님 말씀을 지키고 학교 규칙을 지키는 것을 중요하게 생각하는 평범한 아이였어요. 특히나 중학교 때는 선도부를 할 정도로 규칙 지키는 것을 많이 좋아했습니다. 초등학교 때부터 반장, 부반장, 중학교 때는 선도부, 고등학교 때는 특별반 부서장, 그리고 대학교 때는 총무, 부과대, 과대를 할 정도로 두루두루 잘 지내는 편이었어요. 성선설(性善說)을 믿으며, 악한 사람은 없다고 생각했어요. '적을 만들지 말자'라는 생각을 많이 해서 두루두루 잘 지냈답니다. 마음을 깊이 나눈 인연은 감사히 생각하면서 관계를 길게 이어가는 편이에요. 한 번 정을 주면 그 인연을 쉽게 못 놓는 편이랄까요?

**인생의 터닝 포인트는 무엇이었나요?**

저 자신을 바라보는 관점의 터닝 포인트가 된 계기가 있어요. 한 친구가 무심코 던진 한마디가 마음의 상처로 남게 되었는데, 그 상처가 저 자신에 대한 믿음으로 바뀌게 되는 일이 있었죠. 초등학교 5학년 시절에 친한 친구와 시험공부를 함께 하고 있었는데 그 친구가 "너는 아무리 열심히 해도 내 발뒤꿈치도 못 쫓아올걸"이라는 거예요. 공부를 못하는 저 자신에게 속상해서였는지, 친한 친구를 잃은 게 속상해서였는지 집에 와서 많이 울었어요. 저에게 어머니께서 많이 위로해주셨어요. '넌 뭐든지 할 수 있고, 네가 노력만 한다면 이루지 못하는 것은 없어.'라는 어머니의 말씀에 용기를 얻었고, 어머니께서 동네 학원 원장님께 사정을 말씀드려 제 의지에 힘을 많이 실어주셨지요. 학원 수업 시간 이후 추가로 공부하는 것에 대해 제안을 해주셔서 그날부터 최선을 다했답니다. 매일매일 꾸준히 남들보다 한 시간, 한 시간이 안 되면 10분이라도 더 해보려는 마음으로 공부했어요. 중학교 진학 후 첫 시험에서 저에게 그 말을 했던 친구보다 더 좋은 성적을 받을 수 있었어요. 노력만 하면 뭐든지 해낼 수 있는 믿음이 단단해지는 계기가 되었답니다. 그 경험은, 힘들고 어려운 일에 부딪힐 때마다 능력이 부족해서가 아니라 노력이 부족하다는 깨달음으로 다가옵니다.

**Question**  학창 시절 기억에 남는 에피소드가 있으신가요?
- - - - - - - - - - - - - - - - - - - - - - - - - -

고등학생 시절, '인생은 한 번이고, 한 번 지나간 시간은 다시 안 온다. 최대한 경험할 수 있는 다양한 경험을 해보자'라는 생각을 많이 했어요. 그런 생각으로 특별반 선택도 승마반을 선택했어요. 볼링반, 댄스반 이런 것들은 언제든 경험할 수 있다고 생각했었거든요. 지금이야 승마 체험할 수 있는 곳이 많지만, 그때까지는 특별한 경험 중 하나였으니까요. 매주 한 번씩 특별활동을 하는데 한 달에 한 번씩 직접 승마장에 가서 체험했어요. 처음에 탈 때는 엇박자로 엉덩이만 아픈데, 점점 말을 타는 횟수가 늘어날수록 말과 박자를 맞춰서 타게 되면서 너무 재미있었죠. 3년 내내 승마반을 하면서 특별반 선생님이셨던 가정과목 선생님을 잘 따랐어요. 선생님 곁에서 선생님이 생각하고 말씀하시는 것을 많이 배웠답니다. 어떤 가치관을 가지고 사물을 바라보며 행동하느냐에 따라 같은 상황이 정말 다른 상황이 될 수 있다고 생각했고, 좁은 시야에 갇히지 말자고 다짐했죠.

## 디자이너가 되기를 결심한 시기와 계기가 궁금합니다.

시골에서 청주 시내로 고등학교를 진학하게 되어 잠시 공부가 아닌 다른 것에 많은 흥미를 느껴 공부를 소홀히 하고 있었죠. 어느 날 수능을 100일 정도 앞두고 IMF 경제위기가 찾아왔어요. 빨간 딱지가 우리 집 곳곳에 붙어 있었고, 부모님의 건물과 땅이 모두 압류되었다는 걸 알게 되었죠. 그 시점에서 제가 열심히 하지 않으면 부모님과 동생에게 든든한 버팀목이 되어 줄 수 없다는 생각이 들었죠. 그날 이후로 열심히 공부했어요. 수능 전 100일의 시간이 저에겐 기회의 시간이 되었던 셈이죠. 수능 성적은 생각보다 잘 나왔고, 가고 싶은 곳을 선택할 수 있게 되었어요. 내가 잘하고 좋아하는 일을 고민하다가 만들고 그리는 것을 전공으로 하는 '디자이너'를 꿈꾸게 되었고, 4년제 의류직물학과를 선택했습니다. 입학 후 재봉틀로 옷, 인테리어 소품도 만들고, 천연재료로 염색도 하며 재미있게 공부했어요. 본인이 재미있어하는 일을 하면 중간에 힘든 고비가 와도 즐거운 기억으로 그 고비를 넘길 수 있답니다. '내가 좋아하는 일이 내가 잘하는 일'이라는 기준만 있으면 후회하지 않을 것 같아요.

## 공부하시면서 어려운 상황은 없었나요?

그 당시 어려운 상황 속에서 평일에는 장학금을 목표로 공부만 했고, 주말과 방학 때에는 아르바이트를 했어요. 섬유유연제 공장에서 포장 업무, 전단 돌리기, 아이 보모, 옷가게 판매직, 전자칩 조립공장 등 안 해본 게 없었죠. 나쁜 일 제외하고는 뭐든 다했어요. 그때 다양한 활동으로 인해 다양한 사람들과 만나고 그 사람들과 이야기를 나누면서 상대방을 이해하고 배려하는 계기가 되었던 것 같네요. 지금도 대리점 사장님들과 미팅을 할 때면 대리점 사장님들이 어떤 마음으로 이 이야기를 나에게 하실까? 고민하면서 상대방의 입장에 서서 먼저 생각해 보려고 노력하며 이야기를 들어준답니다.

## Question  진로 탐색에 도움이 될 만한 조언이 있을까요?

다양한 곳을 여행도 하고, 다양한 사람을 만나고, 다양한 체험에 도전하는 것이 가장 좋은 것 같아요. 경험을 해봐야 내가 좋아하는 것, 잘할 수 있는 것을 찾을 수 있으니까요. 직접적이든 간접적이든 뭐든 좋아요. 그리고 학창 시절에만 주어지는 다양한 기회를 최대한 활용해보는 걸 추천합니다. 학생에게만 주어지는 특권과 같은 기회가 생각보다 많이 있거든요. 그런 기회를 찾아서 최대한 누려봤으면 좋겠어요. 그리고 무엇보다 가장 중요한 건 자신의 목소리를 경청하는 겁니다. 내가 진짜로 원하는 게 뭔지, 무엇을 하면 행복한지를 항상 스스로 질문하고 답하는 시간을 갖는 게 도움이 많이 될 거라 믿어요.

## Question  진로를 결정할 때의 기준은 무엇이었나요?

내가 좋아하는 것, 내가 재미있어하는 것, 내가 잘하는 것, 진로를 선택할 때는 다른 무엇보다 나 자신이 중심이 돼야 할 것 같아요. 한번 사는 인생이잖아요. 늘 후회 없는 삶을 살기 위해 노력하면서 내가 좋아하고, 잘할 수 있는 것을 선택하는 게 좋아요. 주변 사람들의 생각도 들어보고, 나보다 더 많은 경험을 하며 살아온 어른들의 고견을 들어보는 것도 좋죠. 하지만 그건 어디까지나 참고할 내용입니다.

## 진로 선택 시, 도움을 주신 분이 있었나요?

고등학교 특별반 선생님과 대학교 소녀 감성 교수님이 제게 많은 영향을 주셨지만, 부모님이 가장 영향을 많이 주신 것 같아요. 아버지는 늘 성공의 자리에 올랐다가 실패해서 무너져도 다시 오뚝이처럼 일어나시고, 실패를 두려워하지 않으셨죠. IMF 경제위기에 많은 대한민국 가장이 인생을 비관하고 포기하신 뉴스를 많이 접하게 됐습니다. 그런 상황 속에서 아버지가 극단적 선택을 하지 않고 옆에만 계셔주셨으면 좋겠다고 속으로 얼마나 많이 빌었는지 몰라요. 그런 제 걱정이 무색하게 아버지는 강인한 정신력과 끈기로 일어서셨죠. 그 모습이 제게는 인생의 본보기가 된 것 같아요. 또한 어머니는 늘 저를 믿어주시고, '넌 할 수 있어. 힘들 때도 잘 견디고 해냈잖아.'라고 응원해주셨죠. 제가 포기하고 싶을 때마다 큰 힘이 되어 주셨습니다.

교수님의 추천으로
교복 디자이너로
입문하다

▶ 어학연수 중 유럽여행

▶ 대학교 졸업작품

▶ 대학교 졸업식에서 부모님과 함께

**Question** 교복을 디자인하기로 마음먹게 된 계기는 무엇인가요?

대학 시절 어학연수 자금을 모으는데 1년, 어학연수 하는데 1년, 2년을 보내고 돌아와 취업하려니 어려웠어요. 저희 학과를 졸업하면 기획 MD, 디자이너로 주로 취업했는데, 취업의 문을 두드리는 곳마다 나이로 인해 막내 디자이너로 뽑기에 부담스럽다는 답변만 들었죠. 그렇게 기운이 빠져 있을 때, 잘 챙겨주시던 교수님의 추천으로 학생복 디자이너에 발을 들이게 되었답니다. 규칙을 좋아하고 단정한 것을 좋아하는 제게는 학생복 디자인이 더 없는 매력으로 다가왔어요.

**Question** 일반인이 교복 디자인에 대하여 지닌 잘못된 통념이 있을까요?

보통 교복 디자인은 단순하고 특별한 차이가 없을 거로 생각하죠. 하지만 일반 의류와 달리 교복은 성장기 학생들의 잦은 체형변화와 장시간 착용한다는 특수성까지 고려해서 만들어지게 됩니다. 그렇기에 학생들의 체형변화도 연구해야 하고, 유행에 따라 재킷 옷깃의 너비부터 바짓부리까지 전반적으로 꾸준한 연구와 변화가 필요하죠.

**Question** 교복 디자인 작업 중에 곤란한 경험도 있으실 텐데요?

일반 의류회사에서는 디자이너의 의도와 달리 단추 하나가 더 달려도 완성품에 더 멋진 영향을 주면 판매할 수 있지만, 교복은 그렇지 않답니다. 판매 불가죠. 학교 고유 디자인을 그대로 재현하지 못했기 때문이에요. 어느 날 신규 대리점이 개업하면서 다수의 학교 표준을 잡을 때였죠. 단추가 2개가 달려있어서 2버튼 재킷으로 표준을 잡았고, 그대로 생산되어 납품되었어요. 그런데 학교 디자인과 다른 옷이 도착했다고 사고가 났다는 대리점의 전화를 받았어요. 사고를 수습하면서 알게 된 사실은, 구매팀에서 단추 디자인을 확정하려고 하나를 떼어갔었는데 저는 그것도 모르고, 단추 개수만 보고 표준을 잡았던 거예요. 그 사고 이후론 단춧구멍 개수부터 먼저 살펴보게 되었죠. 후배들이 들어오면 경험담으로 제일 먼저 이야기해준답니다.

**Question** 새로운 디자인을 제안하실 때 어떤 부분을 가장 중요하게 생각하시나요?

'고객의 니즈(needs)를 디자인하라' 저희 고객은 1318 학생이어서, 학생들의 마음속에 있는 다양한 니즈를 디자인에 반영하려고 노력합니다. 학생들이 원하고 필요로 하는 것을 제품에 반영했을 때 제일 반응이 좋았던 것 같아요.

**Question** 주로 어디에서 디자인 영감을 받으시나요?

과거에는 남학생은 재킷, 와이셔츠, 니트조끼, 바지, 여학생은 재킷, 블라우스, 니트조끼, 바지와 같은 정복을 주로 입었지만, 요즘은 편안한 교복이라고 해서 후드티, 맨투맨티, 야구점퍼, 고무줄 바지, 반바지와 같은 형태로 전환되고 있어요. 그러다 보니 정복을 착용할 때보다는 더 다양한 색상을 디자인에 적용하게 됩니다. 디자이너들마다 차이는 있겠지만, 저는 디자인을 할 때 자연에서 볼 수 있는 색의 조화를 많이 참고하게 된답니다. 바다와 모래 색상의 조화, 나뭇잎과 가지 색상의 조화, 이런 식으로 자연에서 주는 따뜻함이 학생들이 입는 옷에서 묻어나길 바라는 마음으로 작업을 해요.

**교복 디자인이 이루어지는 과정을 설명해주시겠어요?**

    교복 디자이너의 업무는 두 가지로 나뉘게 됩니다. 첫 번째는 학교의 고유 디자인을 정확하게 재현해 내기 위해 디자인을 관찰하고, 정확히 기록해서 작업 지시서를 생성하는 것이죠. 두 번째는 학교에 신규 디자인을 제안하기 위한 디자인 창작 작업입니다. 첫 번째 업무를 하기 위해서는 샘플, 학교 사양서 등과 같은 자료를 최대한 정확히 파악하는 겁니다. 파악한 내용을 정확히 기록하여 작업 지시서를 작성하고, 어떤 기장에 어떤 스타일로 진행할 것인지 정하는 것이 마지막 작업이에요. 두 번째 업무는 일반 의류회사 디자이너들과 비슷해요. 국내외 디자이너들의 컬렉션을 살펴보고, 시장조사 하는 게 먼저 진행되죠. 그리고 콘셉트가 정해지면 신규 디자인을 창작해 디자인하고, 그에 맞는 원단과 부자재를 찾아 디자인을 완성하게 됩니다.

**일반 의류회사와 교복 회사의 차이점은 무엇인가요?**

    일반 의류회사는 대부분 원단 특성에 따라 디자인에 영향을 받기에 우븐(실을 교차해서 만드는 원단) 디자이너, 다이마루(실 하나로 짠 원단) 디자이너 등으로 나뉩니다. 하지만 교복 회사에선 학생복 디자이너를 지역으로 나눠 담당 디자이너를 정합니다. 구체적으로 서울, 중부(경기도), 충청&대전, 호남&광주&제주, 부산&대구&경상 지역 등으로 나뉘게 되죠. 이는 지역마다 즐겨 입는 교복 스타일과 선호하는 스타일을 정확히 파악하기 위함이에요.

**Question** 교복 디자이너가 되고 나서 새롭게 아신 사실이 있나요?

　학교에서 배우지 않은 일본식 봉제 용어들이 현업에서 엄청 많이 사용되고 있다는 거예요. 주로 협력업체들이 부산에 있었는데, 부산 사투리와 일본식 봉제 용어로 신입사원 때 고생을 많이 했었죠. 먼저 취업한 동기나 선배들의 도움으로 족보와 같은 봉제 용어 정리자료를 받게 되면서 조금씩 업무가 쉬워졌던 것 같아요.

**Question** 교복 디자이너가 반드시 거쳐야 할 필수 코스가 있을까요?

　필수 코스라고 하기보다는 의류 관련학과 졸업자가 옷에 관한 이해도가 높기에 관련 학과를 진학하는 게 가장 유리할 것 같네요. 도식화 작업은 기본이고 원단의 특성, 봉제 방법, 패턴의 이해 등을 기본적으로 알아야 한답니다. 도식화 작업은 학교 고유 디자인을 배색 너비와 처리 방법 등 규격화 관리가 필요하기에 가장 기본이죠. 또한 원단의 특성을 이해하고 우븐과 다이마루의 성질에 맞게 봉제 방법을 선택해야 한답니다. 그리고 교복은 학생들이 장시간 착장하며 활동하기에 원단 패턴에 관한 이해도도 높아야겠죠.

▶ 스쿨룩스 샘플실 지면촬영 샘플 점검

내 딸에게
내가 디자인한
교복을 입히길...

▶ 스쿨룩스 디자인실 사이즈별 샘플 점검

▶ 학생복 지면촬영 디자인 작업

**대한민국에서 '교복 디자이너'로 살아가면서 느끼신 점은?**

제가 디자인한 교복이 학교 디자인으로 채택되어 전교생이 입는 모습을 본다는 건 정말 흐뭇한 일이랍니다. 이렇게 좋아하고 만족스러운 일을 오늘까지 할 수 있다는 게 행운이죠. 다양한 복종(服種)과 다양한 소재를 이용하여 디자인할 수 있고, 10대들이 좋아하는 아이돌과 지면 촬영도 진행하는 매력적인 직업이죠. 단, 출생률이 지속해서 감소하고 있고, 정부의 여러 가지 정책들로 인해 교복 시장이 점점 작아지고 있어서 다른 이에게 적극적으로 추천하기에는 조심스러운 부분이 있네요.

**Question** **교복 디자이너로서 삶의 비전은 무엇인가요?**

2005년 교복 회사에 입사해서 15년 동안 제가 서 있는 곳에서 최선을 다하며 여기까지 왔습니다. 교복 디자이너로서 디자인실 실장 자리까지 올라와 봤으니 더 이상의 큰 욕심은 없어요. 다만 교복 디자이너로서 꿈과 같은 희망 사항이 하나가 더 있다면 제가 디자인한 교복을 내 딸이 입고 중학교, 고등학교를 입학하는 모습을 보고 싶어요. 올해로 43세, 평균수명이 늘어났기에 지금까지 살아온 인생만큼 또 한 번의 인생을 살아가게 되겠지요. 인생은 한 번뿐이고, 인생을 사는 동안 많은 걸 도전하며 경험하고 싶어요.

**Question** **자신만의 비전을 위해서 어떤 노력을 하고 계시나요?**

다양한 곳을 여행하고, 무엇이든 적극적으로 경험해보는 겁니다. 한때 커피숍 주인을 꿈꿨지만, 좋아하는 일을 계속하다 보니 디자이너가 되었네요. 앞으로도 제가 좋아하고 잘할 수 있는 일이 무엇인지에 관해 꾸준히 찾아봐야겠지요.

## 교복 디자이너를 꿈꾸는 친구들에게 추천해주실 영화나 도서는 어떤 것이 있을까요?

사실 저는 디자인 관련 책보다는 부동산이나 자기개발서 위주로 읽고, 영화도 액션, 로맨틱 코미디를 주로 보는 편이에요. 디자이너 관련된 영화라 하면 '악마는 프라다를 입는다'가 가장 기억에 남네요. 주인공 '앤드리아'가 최고의 패션 매거진 '런웨이'에 입사하지만, 악마 같은 편집장 '미란다'의 칼 같은 질타와 불가능해 보이는 임무로 고군분투하는 모습이 좋았죠. 패션에는 관심 없던 앤드리아가 직장 동료의 도움으로 패션에 관심을 두고 변화하는 모습도 재미있었어요.

## 디자이너님만의 스트레스 푸는 요령은?

여행과 댄스예요. 상황이 되면 가족과 여행 가는 걸 좋아해요. 답답했던 마음이 산과 바다를 보면 편안해지고, 그곳에서 자연이 주는 편안함과 따뜻함과 시원함을 느끼고 오면, 디자인할 때도 도움이 되는 것 같아요. 여행 갈 정도의 여유시간이 없다면, 딸과 함께 신나게 춤을 춘답니다. 어린 시절 무용가를 꿈꿨을 만큼 춤추는 것도 좋아해서, 학부 시절엔 댄스스포츠 강의도 듣고, 사회생활 할 때는 벨리댄스, 방송댄스, 재즈댄스를 취미로 배웠었거든요. 요즘은 줌바댄스를 유튜브를 통해 배우면서 딸아이와 추고 있어요. 신나는 음악에 맞춰서 열심히 몸을 흔들다 보면, 땀도 많이 흘리고 개운해져요. 복잡한 마음과 머리가 맑아지죠.

어릴 적 TV 드라마 속 디자이너들은 늘 아름다운 옷과 헤어스타일로 멋지게 꾸미고 다니죠. 킬힐과 화려한 액세서리, 멋진 스포츠카까지 화려한 삶이었지만, 현실 속 디자이너는 운동화를 신고 동대문 원단 시장을 누비며, 새로운 디자인을 쏟아내야 하는 조금은 고된 작업의 연속이랍니다. 하지만 이런 고된 노력 끝에 본인이 디자인한 옷을 누군가 입은 모습을 보았을 때 느끼게 되는 기분이란 정말 황홀 그 자체입니다. 특히 교복 디자이너는 학교 전교생이 제가 디자인한 교복, 체육복을 입게 되잖아요. 그 교복과 체육복을 입고 있는 모습을 보았을 때 뭐라고 표현할 수 없을 만큼 벅차고 흐뭇해요. 게다가 그 학교가 나의 모교라면 더 뭉클하겠죠. 조금은 고되더라도 이런 뿌듯한 황홀한 기분을 느껴보고 싶으시다면 도전해보시길 바랍니다.

어린 시절부터 패션디자이너가 꿈이었으나 학창 시절을 지나면서 그 꿈은 잊혔다. 패션과 관련된 공부를 전문기관에서 정식으로 한 적이 없었다. 18살에 라사라패션학원에서 일러스트/봉제/패턴을 이수하고, 결혼 후에 아이 태교를 위해 문화센터에서 봉제 수업을 받으며 유아동복에 관심을 두게 되었다. 그러던 중에 아기에게 입힐 옷을 직접 제작하고 사진으로 남기며 SNS를 통해 사람들과 소통하였다. 뜨거운 호응으로 인해 '우이동금손'이라는 이름으로 개인 브랜드를 오픈하게 된다. '진심은 언제나 통한다'라는 모토로 시작한 유아의류가 이제는 연 매출 10억 이상의 주식회사가 되었다.

---

유아동복 <우이동금손> 대표

# 김현수 디자이너

현) 우이동금손 대표
우이동금손 브랜드 론칭
호주/미국 등 해외어학연수 및 워킹홀리데이
라사라패션학원 이수
대입검정고시

# 패션디자이너의 스케줄

## 김현수 디자이너의 하루

22:00 ~ 24:00
▶ 독서, TV 등
24:00 ~
▶ 취침

08:00~09:00
▶ 기상 및 출근 준비

18:00 ~ 19:00
▶ 저녁 식사
19:00 ~ 22:00
▶ 인스타그램 계정관리
▶ 가족과 시간 보내기

09:00 ~ 13:00
▶ 공장미팅
▶ 샘플과 입고 확인

14:00 ~ 18:00
▶ 원단 시장과
  거래처방문
▶ 사무실 근무

13:00 ~ 14:00
▶ 점심식사 및 휴식

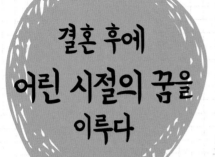

결혼 후에
어린 시절의 꿈을
이루다

▶ 워킹홀리데이 중 호주에서 만난 인생멘토 안드레와 함께

▶ 해외 연수 중에

▶ 결혼 후 첫딸 유비아와 함께

▶ 딸에게 내가 만들어준 옷을
　처음 입혀줬던 순간

**유년 시절 기억에 남는 에피소드가 있으신가요?**

유년 시절 저의 꿈은 패션디자이너였습니다. 늘 노트 위에 그려졌던 수많은 디자인의 의류. 당시 어떻게 해야 "패션디자이너"라는 직업을 가질 수 있을까? 라는 궁금증보다는 그냥 가장 좋아했던 일이었던 것 같아요. 중학교 2학년 때 같은 반 친구 중 부모님께서 봉제공장을 운영하셨는데요. 다가오는 엄마 생신 선물로 드리고 싶어 제가 그린 여성 투피스의 일러스트 그림 한 장과 그동안 아껴 모아뒀던 5만 원을 들고 그 봉제공장을 찾아갔었지요. 원단을 셀렉할 줄도, 패턴을 그릴 줄도 몰랐던 그때, 아무런 지식도 없이 그냥 여자 바디 위에 제가 원하는 디자인의 투피스 그림 한 장으로 옷을 만들려고 했던 거죠. 제 부족한 설명에도 불구하고 친구 부모님께서는 회색빛의 점잖은 모직 투피스를 만들어주셨고, 신이 나서 엄마에게 선물했던 기억이 납니다. 통통했던 엄마 체격에 맞지 않아 눈으로만 감상해야 했던 옷이 되었지만, 그날의 설렘, 그리고 대견해하시던 엄마의 얼굴이 아직도 생생합니다.

**아동복 디자이너가 되기로 한 시점은 언제쯤이세요?**

제가 이 일을 시작하게 된 계기가 제 나이 32살 첫째를 임신한 때였죠. 태어날 아기에게 입혀줄 옷을 만들며 시작되었어요. 제 아기에게 줄 옷이니 원단부터 꼼꼼하게 따지고 고르며 하나하나 세심하게 만들었죠. 내가 만든 아가 옷을 SNS에 올려두면 정말 반응이 뜨거웠어요. 그때 문득 생각이 났죠. "아, 나는 패션디자이너가 되고 싶었었지!" 어렸을 적 꿈이 떠오르더라고요. 칭찬은 고래도 춤추게 했고 반응의 힘은 32년간 잊혔던 제 어린 날의 꿈을 다시 꾸게 했답니다. 그 설렘이 열정으로, 그 열정이 노력으로 나아가면서 유아복 디자이너로 거듭난 거죠.

**유아동복 디자인으로 결정하고 어떤 활동을 하셨나요?**

처음에는 제 아이에게 줄 기념이 될 만한 엄마 선물로 시작했는데, 만들다 보니 시중에 파는 제품보다 더 유용한 거예요. 원단값만 쓰면 되니까 혼자서 일하는 신랑에게 도움도 된다고 생각했죠. 임신 후 알게 된 사실은 유아용품이 굉장히 비싸다는 사실이에요. 그렇게 제 아이를 위해 옷과 소품을 만들기 시작했어요. 제가 만든 옷을 아가에게 입혀 사진으로 남기고 SNS를 통해 사람들과 공유했고 반응들이 뜨거웠죠. 그 반응들에 힘입어 얼마 후 '우이동금손'이라는 이름으로 제 브랜드를 오픈하게 되었어요. 제가 아이를 낳고 살게 된 동네 이름이 우이동이었는데, 이때 제가 옷을 자주 만들어 소개하다 보니 많은 분이 '금손'이라고 칭해주셨죠.

Question **유아동복 브랜드를 시작하시면서 부딪혔던 어려움은 없었나요?**

처음에 제가 만든 옷은 실제로 '전문가'에게는 비전이 없는 의류였어요. 남대문 아동복 20년 이상 종사하시는 분들이 제 옷을 보고 평가하시길 "이게 정말 팔려요?"였거든요. 너무 밋밋하거나 내복에나 쓸 법한 후라이스면을 레이스 슈트로 만들었다는 게 이상한 상식으로 받아들여진 거죠. 하지만 제가 아이에게 옷을 입혔을 때 가장 편안한 소재가 실제로 실내복에 자주 쓰이는 후라이스면(신축성이 좋은)인데 왜 예쁜 레이스 의류에는 이 편한 소재를 쓰지 않는지 의아해했지요. '왜 예쁜 드레스는 늘 불편하지?'라는 생각으로 디자인했던 의류예요. 그런데 유아의류를 제작하는 전문가에게는 이런 의류는 화려함이 덜했고 무언가 부족하게 느껴졌던 것 같아요. 하지만 엄마로서 아이에게 옷을 입혔을 때, 그런 불편함을 최소화하고 군더더기 없이 편하게 입힐 수 있는 게 가장 좋다고 생각했죠. 그렇게 만든 옷이었기에 전문가들에겐 별로였던 그 옷이 현재 '우이동금손'에선 가장 잘 팔리는 의류 중 하나랍니다.

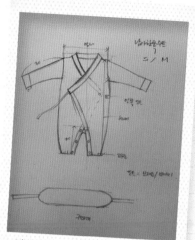

▶ 디자인전 머릿속에 담긴 이미지 그리기

사랑스러운
아이들에게
사랑을 입히다

▶ 원단시장 원단스와치 셀렉 중

▶ 원단시장 거래처 신상확인하면서

## 다른 디자인보다 유아동복 디자인에 특별한 매력이 있나요?

유아동복 디자인의 매력은, 아이들이 입었을 때 더욱 빛나는 결과물이 완성된다는 점이에요. 물론 다른 디자이너도 자신이 디자인한 옷이 누군가에게 입혀졌을 때의 희열감은 말로 표현하기 힘들겠죠. 하지만 그 대상이 눈에 넣어도 아프지 않을 아이라면 그 기쁨은 더욱 크답니다. 제가 디자인한 옷을 통해 사랑스러운 아이들이 표현해주는 설렘 같은 거죠. 날개 잃은 천사에게 제 옷을 입힌 기분이랄까요?

## 유아동복을 디자인하실 때 어떤 부분을 가장 중요하게 생각하시나요?

편안함이 우선이에요. 예뻐도 편하지 않다면 손이 가지 않죠. 기본적으로 잘 입히지 않는 의류는 잘 만든 옷이 아니랍니다. 제 옷을 입혀주는 모든 분의 입에서 "예쁜데 편해. 편한데 예뻐."라는 상품평을 들으려는 마음으로 디자인합니다. 의류 디자인의 포인트는 과감하게 주되 전체적으로 편안한 소재의 원단을 사용하는 거죠. 흔히 불편함을 호소하는 넥라인이나 소매 부분에 신경을 쓴다면 예쁘고 편안한 디자인의 의류를 만들 수 있어요.

▶ 디자인 샘플링후 모델핏팅 및 신상 촬영현장

**Question** 주로 어디에서 디자인 영감을 받으시나요?

저는 원단 시장에서 시간을 많이 보내요. 원단을 만져보며 전해지는 촉감으로 아이가 입었을 때의 착용감을 간접 경험합니다. 제 눈에 들어오는 원단 색감에 이런 옷이 나오면 좋겠다고 즉흥적으로 얻어지는 아이디어가 매우 많아요. 반대로 디자인하고 나서 그에 맞는 원단을 찾기도 하는데, 생각보다 제가 원하는 원단이 없는 경우가 많더라고요. 그래서 주로 좋은 재료감을 먼저 눈에 담아 촉감을 얻고 나서 스케치하며 상상하죠. 그러면 정말 제가 원한 옷이 탄생하게 되거든요.

**Question** 지금 하고 계신 일을 구체적으로 소개해 주시겠어요?

<엄마가 만든 내 아이 브랜드>라는 자체 제작 유아동복 의류 쇼핑몰을 운영하고 있어요. 제 아이에게 만들어줬던 옷을 기본으로 더 많은 아기와 함께하고자 시작했죠. '우이동금손'이 만들면 다르다는 문구를 들고 소개하고 있답니다. 매달 저는 새로운 디자인을 계획해요. 시즌별, 계절별 프로젝트를 진행하는 게 아니라 매달 원단 시장의 흐름을 읽어가면서 트렌드에 맞춰 새로운 상품을 소개하고 있어요. 그러다 보니 매일 치열하고 시간에 쫓기는 일상이 되기도 해요. 의류 제작이 생각보다 시간이 많이 소요되는 작업입니다. 디자인 후 원단 셀렉이 되면 그에 맞는 부자재를 선택해야 하죠. 샘플 작업이 완료되어 몸에 잘 맞게 피팅까지 마치면 '어린이특별보호법'에 의한 국가인증 절차를 걸쳐야 한답니다. 안전 확인증을 부여받으면 비로소 아이들에게 입힐 수 있는 의류 상품이 완성되는 거죠.

**Question**

## 유아동복 디자이너가 반드시 거쳐야 할 필수 코스는 무엇인가요?

직업 특성상 원단 시장에 자주 가게 되는데, 시장 경험은 디자이너에게 필수 코스라고 봐야 하겠죠. 미로처럼 꼬불거리는 원단 시장에서 칸칸이 나열되어있는 원단 스와치를 보면서 샘플 오더하는 용기도 필요하고요. 시장에서 근무하시는 분들이 자주 접하는 분들이 저희 같은 사람입니다. 딱 보면 신입인지 경력 실장인지 눈치를 채세요. 인사도 잘 안 받아주는 업체도 많고요. 도매상이다 보니 웬만히 큰 업체가 아니면 호의적인 반응도 기대하기가 어려워요. 시장에서 사용되는 용어들도 넘어야 할 산이에요. 하지만 자주 듣고 쓰다 보면 어느 순간 '내 언어'로 변해있죠.

**Question**

## 패션디자인에 관심이 있는데 무엇을 배워야 할까요?

저는 유년 시절 패션에 관한 전문적인 교육을 받지 못했어요. 이 점이 아쉬울 때가 있죠. 공부할 수 있는 시간이 있었을 때 준비했었다면, 지금 큰 도움이 되었을 거로 생각하거든요. 패션디자인에 관심이 있다면 기본기부터 확실하게 배워놔야 해요. 일러스트, 패턴, 봉제 기술, 원단 관련 지식, 디자인의 역사 등 학교에서 배울 수 있는 많은 정보가 있어요. 그 기본을 바탕으로 현장에 나온다면 수월하게 일을 잘 해낼 수 있을 거예요. 패션에 관한 관심과 열정만 있다면 궁금증으로 시작해서 스스로 학습하고 체득하는 자신을 발견할 수 있죠.

▶ 신상 촬영 중_아기모델과 함께

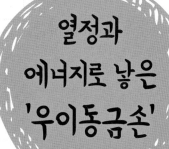

열정과
에너지로 낳은
'우이동금손'

▶ 굿네이버스 기부행사 오프라인 팝업 현장

▶ 촬영현장 모니터링 중

**Question** 영화나 드라마에서 나오는 "디자이너"의 멋진 모습은 현실과 같을까요?

제품 디자인하고 원단 셀렉하고 샘플링하는 업무는 비슷할 수 있지만, 늘 검은색 정장과 하이힐을 신고 일하지는 않아요. 디자이너가 되고 싶다면 자신이 생각하는 "옷"을 현실화할 용기만 있으면 된다고 생각해요. 세상에 안 되는 일은 없어요. 포기하거나 시도하지 않아서 안 된다고 할 뿐이지요. 원하는 디자인이 있다면 실제로 만들어보는 거예요. 그 결과가 어떻든 직접 눈으로 보고 손으로 만져봐야 무엇이 잘못되었는지 확인할 수 있거든요. 포기하지만 않으면 내가 생각하고 꿈꿨던 결과물을 얻을 수 있을 거예요.

**Question** 훌륭한 유아동복 디자이너가 되기 위한 비결을 알 수 있을까요?

우선 유아동복의 종류와 특성을 파악하고, 소재와 아이 연령대에 맞는 디자인 의류를 정확히 알아야 해요. 예쁘게 디자인한다고 끝나는 게 아닙니다. 목을 잘 가누지 못하는 아이가 입기에 힘든 의류이거나, 활동성이 많은 아이가 입기에 부적합하다면 잘 만든 옷이라고 할 수 없겠죠. 아이에게 입혀보고 생활하며 관찰하는 게 가장 큰 도움이 되지만, 현실적으로 어려워요. 가장 쉬운 방법은 시장조사입니다. 연령별로 아이들의 의류 디자인을 많이 관찰하고 어떤 소재의 원단과 부자재가 이용되었는지, 어떤 디자인이 고객들에게 호응이 높은지 등의 시장조사를 통해 유아동복 시장의 흐름을 알 수 있어요. 아이들 의류에 사용되는 원단을 공부하는 것도 큰 도움이 됩니다. 피부가 민감한 연령대이고, 고객들이 구매할 때 가장 크게 신경 쓰는 중요한 부분이죠. 이러한 기본적인 지식을 바탕으로 자신이 원하는 디자인을 입혀 그 의류가 현실화한다면 이미 나는 훌륭한 유아동복 디자이너예요.

Question 스트레스를 어떻게 푸시나요?

엄마가 되고 나서부터는 개인적인 취미생활을 하기가 쉽지 않았어요. 그래서 자연스럽게 아이들 취미가 곧 제 취미가 되었지요. 평일에는 열심히 일하고 주말에는 아이들과 함께 여행을 자주 다녀요. 아이들과 함께하며 온전히 엄마로 생활하는 그 시간이 제게는 취미이자 스트레스 해소 방법이 되었네요. 여행하며 자연을 마음에 많이 담아요. 산에서 나는 흙냄새, 멋진 길을 드라이브하며 눈에 들어오는 초록빛, 비릿한 바다 냄새까지도 가족과 함께하는 여행, 그 모든 게 힐링이 되는 것 같아요.

Question '우이동금손'이란 브랜드가 주는 존재의 의미가 무엇일까요?

'우이동금손'은 제게 자식과 같은 존재예요. 배 아파 낳은 아이는 아닐지라도 제 모든 열정과 에너지로 낳은 또 다른 아이지요. 옹알이부터 걸음마까지 천천히 배워가며 이제 겨우 엄마 소리가 나오는 너무 애틋하고 소중한 아이예요. 제 자식 누구에게나 그렇듯, 무엇 하나 안 예쁜 게 없고 무엇하나 빼놓을 게 없는 그런 존재죠.

Question 디자이너로서 늘 품고 있는 자신만의 좌우명 있나요?

15년 전 제 나이 24살, 기록해둔 노트에서 발견한 문구예요. "자신의 브랜드를 만들어 상품화하라" 제 기억으로는 이제 막 대학교에 들어가는 후배에게 했던 말 같아요. 막연히 미래가 두려웠던 그 시절, 무엇을 해야 할지 막막하던 그때, 나름 인생 선배라고 후배에게 전했던 말이었죠. 그 좌우명이 10년 후 저에게 던진 말이 되었답니다. 자신만의 브랜드를 만들라는 말은 시그니처가 담긴 능력이고, 상품화하라는 말은 수익을 만들라는 뜻이었죠. 어떤 일을 하더라도 내가 한 일은 나만의 능력이 고스란히 담겨서, 차별화된 사람이 되어야 한다고 생각해요. 일반 사무직이든 서비스업이든 어떤 곳이라도 혼자 하는 일은 없어요. 늘 항상 경쟁자나 동료가 있죠. 연필 한 타 속에 있는 똑같은 연필 12개 중 하나로는 곤란해요. 샤프가 되든 색연필이 되든 나만의 특별한 특징을 보여줘야 성공할 수 있다고 생각해요.

**패션디자이너를 꿈꾸고 있는 청소년들에게 한마디 부탁드립니다.**

꿈이 많았던 학창 시절 패션디자이너가 결심이 섰던 건 아니에요. 때로는 글을 쓰는 작가가 되고 싶었고, 자영업을 해서 내 사업을 하고 싶다는 생각도 했죠. 이것저것 생각하기 싫을 땐, 적당한 나이에 시집이나 잘 가려는 생각도 했고요. 나이가 들어, 학창 시절을 돌아보니 몇 가지 아쉬운 점이 있어요. 무언가가 되고 싶다면 그 분야에 관한 많은 정보를 먼저 알아보고 공부를 먼저 시작하는 게 정말 많은 도움이 될 거예요. 이를테면 패션디자이너 직업에도 관련 직업으로 매우 많은 분야가 존재하거든요. 재봉사, 패턴사, 일러스트레이터, 원단 재직자 등 정말 무궁무진한 전문직이 있어요. 그중 자신에게 적합한 직업을 먼저 생각하고 그에 관한 꾸준한 공부와 경험을 한다면 실제로 현장에서 일할 때 큰 자산이 될 거로 생각해요. 의류를 디자인하는 직업이라고 해도, 기본적으로 알아야 하는 부분들이기에 현장에 오기 전에 충분히 시간을 들여서 지식을 쌓아놓는 게 중요하다고 봅니다. 아무리 멋진 디자인이라고 해도 어떤 원단을 썼는지 어떤 패턴으로 어떻게 봉제하냐에 따라 상품의 가치가 크게 나니까요. 저는 일하면서 시간을 내어 또다시 공부하고 습득하는 게 쉽지 않아요. 현재 주어진 시간에 미래의 직업을 위해 충분히 공부한다면 훌륭한 디자이너로 성장해 있을 거예요.

어린 시절부터 웨딩드레스 잡지와 컬렉션 북을 스크랩하며 웨딩 디자이너의 꿈을 키웠다. 명확한 꿈으로 인해 고등학교 시절엔 학교 교육제도에 회의를 느끼지만, 이내 마음을 다잡고 의상디자인과에 진학하게 되었다. 친언니의 도움과 멘토였던 이승진 선생님의 영향으로 웨딩드레스 디자이너로서 자리를 잡게 되었다. 현재 '포마이시스'라는 캐주얼 웨딩드레스숍을 운영하는 대표로 활동하고 있다. 아름다운 드레스를 지속해서 세상에 선보이기 위해 노력하고 있다.

----------------------------------------------------

**웨딩드레스 <포마이시스> 대표**

# 오가윤 디자이너

현) 포마이시스 대표
- 이승진웨딩 근무
- 러시아, 바로셀로나 등 해외박람회 참가
- 성균관대학교 의상디자인 대학원 졸업
- Kaplan International English(어학연수)
- 중앙여자고등학교

# 패션디자이너의 스케줄

**오가윤**
디자이너의
**하루**

20:00 ~ 23:00
▸ 퇴근 및 육아
▸ 취침

07:00 ~ 08:00
▸ 기상

16:00 ~ 20:00
▸ 상담
▸ 드레스 케어

08:00 ~ 10:00
▸ 요가
▸ 일과 정리
▸ 독서
▸ 매거진 스크랩

13:00 ~ 16:00
▸ 촬영업체 미팅
▸ 드레스 피팅 촬영

10:00 ~ 12:00
▸ 원단시장조사
▸ 제작실 방문 및 제작 작업
▸ 디자인 오더

## 분명한 꿈이 교육제도와 부딪치다

▶ 어릴 적부터 드레스를 사랑한 아이

▶ 대학원 실기 포트폴리오를 준비하면서

▶ 이승진웨딩 라움 쇼장에서

어렸을 때부터 남을 꾸며주는 것도 좋아했고, 어머니의 스카프로 친구들 옷도 만들어 입혀 패션쇼도 하며 놀았어요. 이런 분야에 관심이 많았기에 막연하게 의상디자이너가 되고 싶다고 생각했던 것 같아요. 중학교 때 고등학생이었던 언니가 웨딩드레스 잡지와 컬렉션 북들을 잔뜩 주워다 주었죠. 그 잡지들을 몇 번이나 반복해서 읽으며 마음에 드는 디자인을 스크랩했답니다. 그 스크랩해놓은 노트를 보며 멋진 웨딩드레스 디자이너가 되려는 구체적인 꿈을 키웠던 것 같아요.

**Question** 학창 시절에 갈등과 어려움은 없었나요?

고등학생 때 답답하게 느꼈던 교육제도가 싫어서 부모님께 "나는 명확한 진로가 있는데, 왜 이렇게 재밌지도 않은 공부를 하면서 시간을 낭비하고 있는지 모르겠다."라고 말씀드렸어요. 검정고시로 고등학교를 졸업하고 이탈리아로 가서 아르바이트 등을 하면서 웨딩드레스 아카데미를 가고 싶다는 계획을 말씀드린 적이 있습니다. 그렇게 일주일 동안 학교도 가지 않고 부모님과도 구체적으로 계획을 세웠죠. 결론은 한국에서 고등학교를 졸업하고, 대학교까지 졸업하는 것으로 마무리 지었어요. 일주일간 깊게 진로 고민을 끝마치고 나니 많은 생각이 정리되면서 더욱더 학업에 집중할 수 있었던 것 같아요.

**Question** 웨딩드레스 디자이너가 되기 위하여 무엇을 준비하셨나요?

확고한 진로(웨딩드레스 디자이너)가 있었기에 목표로 하는 대학·학과에 필요한 과목과 실기 공부를 중점적으로 했었어요. 일단 의상디자인 학과로 진학하기 위해 본격적으로 필요한 실기 준비를 시작했어요. 학교 수업도 열심히 임하였고 매일 하교 후 미술학원에서 목표로 하는 대학에 맞추어 실기 준비도 병행하며 대학 입시를 준비했답니다. 고등학교 1학년 때 미술학원에서 서울에 있는 대학교로 실기 시험을 보러 갔었거든요. 그때 정말 제가 우물 안 개구리라는 느낌을 받았어요. 각 지역에서 올라온 참가자들은 각자의 실기 스킬을 매우 프로페셔널하게 다루고 있어서 충격과 자극을 받고 돌아왔지요. 그 이후로 좀 더 체계적으로 실기 준비했던 기억이 납니다.

**Question** 진로 선택 시, 도움을 주신 분이나 멘토가 있었나요?

진로 결정에 도움을 준 사람은 바로 친언니랍니다. 언니가 가져다준 잡지가 진로 결정에 큰 도움이 되었고, 이러한 일들을 실현해준 가장 큰 도움을 준 사람이에요. 잡지에서 이승진 선생님의 웨딩드레스를 본 순간, '드레스가 이렇게 멋질 수 있구나!'하고 감동했어요. 그때부터 선생님의 드레스만 따로 스크랩 북을 만들 정도로 굉장히 동경했답니다.

**Question** 학창 시절의 커리어가 디자이너로서의 직업에 미친 영향은 무엇인가요?

학창 시절에 '웨딩'이란 단어가 들어간 모든 일은 다 해본 것 같아요. 제작실, 상담, 심지어 웨딩홀 예도까지 다 해봤어요. 그때 배웠던 일이 지금 저의 드레스숍을 운영하면서 분야별 현장을 이해하고 전체적인 숲을 보는 데 많은 도움이 된답니다.

▶ 이승진웨딩 근무 때 러시아 쇼&웨딩
박람회 참가

무모한 도전이
열매를 맺다

▶ 이승진웨딩 바르셀로나 브라이덜 위크 참가

▶ 패션트랜드를 놓치지 않기 위한 매거진 스크랩은 필수

**Question** 웨딩드레스 디자이너가 되는 과정에서 기억에 남는 활동이 있었나요?

대학교 3학년 때 졸업작품을 미리 하고 영국으로 어학연수를 다녀왔어요. 그때 교수님을 찾아가 "제가 이승진웨딩에 취업하면 1년 먼저 졸업시켜주세요."라고 뜬금없이 말씀드렸더니 교수님께서 흔쾌히 승낙해주셨어요. 그리고 그렇게 동경하던 이승진 선생님을 찾아가 "물걸레질이라도 할 테니 취업시켜주세요"라고 세 번이나 찾아가서 귀찮게 떼를 썼죠. 결국 그토록 원했던 이승진 선생님 밑에서 일을 배우게 되었답니다. 지금 생각하면 무모할 정도로 간절했던 것 같아요.

**Question** 개인 웨딩드레스 브랜드를 오픈하게 되신 계기가 있으실 텐데요?

친언니가 결혼을 준비하면서 언니의 웨딩드레스를 작업하게 되었죠. 그때 언니가 경영을 맡고 제가 디자인을 맡아 자연스럽게 브랜드 준비를 하게 되었어요. 그렇게 오픈하게 되어 현재 소규모 예식, 스몰웨딩에 적합한 드레스를 직접 디자인하고 제작하고 있답니다.

**Question** 디자인을 위해 가장 먼저 하는 첫 작업은 무엇인가요?

대체로 다양한 자료를 보고 디자인 스크랩부터 하면서 전체적인 디자인 틀을 잡아요. 디자인이 잘 떠오르지 않을 때는 원단 서칭을 하면서 원단부터 고른 후 디자인을 구상하기도 합니다.

디자인할 때 어디에서 영감을 받으시는지요?

어린 시절부터 공부하며 틈틈이 모으고 있는 스크랩북이 가장 큰 영감을 주고 있답니다. 지금도 새로운 디자인 요소들을 매일 스크랩하고 있지만, 오히려 이전의 컬렉션들의 스크랩 디자인들이 더 다양한 영감을 줄 때가 많아요. 그래서 지금도 계속 꾸준히 스크랩 작업을 빠짐없이 하고 있죠.

**Question** 웨딩드레스 디자인 작업을 하시면서 기억에 남는
에피소드가 있으신가요?

여러 날 밤낮으로 잠도 설쳐가며 고민하고 디자인해서 완성한 디자인들보다 오히려 즉흥적으로 떠오른 디자인이 더 인기가 많을 때가 있어요. 디자인을 제작하고 새로운 디자인이 나오면, 출시 전에도 어느 정도 인기 여부가 예상되거든요. 그런데 한 번은 새로운 디자인의 드레스들이 나오고 컬렉션 촬영까지 다 마쳤는데, 전체 콘셉트와 맞지 않는 것 같아 고민 끝에 빼려고 했던 디자인이 있었어요. 그 순간 그 빼려고 했던 드레스가 온라인 몰에서 대박이 났답니다. 아무도 예상하지 못했던 결과라서 당황스러웠지만 즐거웠죠.

**Question** **웨딩드레스 디자이너가 되기 위해** 어떤 준비가 필요할까요?

웨딩드레스 디자이너는 현장 실무에서의 일을 전체적으로 다루는 게 중요한 것 같아요. 디자인만 잘해서는 안 된다는 뜻이죠. 디자인을 잘하기 위해선 실제로 만들어 낼 수 있는 '제작 기능'이 매우 중요해요. 아무리 아름다운 디자인의 웨딩드레스라도 제작할 수 없다면 결코 그 디자인이 세상에 나올 수 없겠죠. 저의 경우엔 실무를 익히기 위해 학교 졸업 후 웨딩드레스숍에 바로 취업했어요. 그곳에서 다양하게 배운 현장의 생생한 실무가 지금 일하면서 매우 많은 도움이 되고 있답니다.

**Question** **디자인 작업을 위한** 특별한 TIP을 소개해 주시겠어요?

저는 드레스 디자인 작업할 때 일부러 '웨딩잡지'는 스크랩하지 않는답니다. 오히려 보통의 패션 매거진에서 다양한 라인들과 디자인 요소들을 새롭게 재해석하다 보면 기존의 드레스 정통라인들과는 다른 색다른 디자인이 나오죠. 그래서 주로 패션 매거진을 즐겨 보며 디자인을 진행합니다.

**Question** **디자인할 때** 자주 사용하시는 옷감이 있으신가요?

포마이시스는 캐주얼 예식에 적합한 웨딩드레스 디자인을 제안하는 곳이에요. 그래서 대부분 심플한 소재와 라인들을 많이 생각하시는데, 저는 오히려 화려한 비딩 소재와 모티브가 있는 소재들을 브랜드 컨셉에 맞게 과하지 않게 녹여내려고 노력을 많이 해요.

▶ 포마이시스 작업 일상

▶ 포미이시스 스몰웨딩데이 참가

▶ 웨딩드레스 작업 중

디자이너는
호수 위에
떠 있는 백조

**Question**
## 웨딩드레스 디자이너에 대한 오해와 진실을 말씀해주시겠어요?

사실 드레스 디자이너 하면 화사하고 우아한 드레스처럼 일상이 아름답고 낭만적일 거로 다들 생각하실 거예요. 그러나 현실은 아닙니다. 현장은 전쟁터와 다름없어요. 디자인이 정해지고, 가봉하는 순간까지도 다양하게 많은 업무를 소화해내야 하기에 실무와 관련된 지속적인 자기 계발이 필요하답니다.

**Question**
## 웨딩드레스 디자이너가 되고 나서 새롭게 알게 된 사실이 있나요?

디자이너는 아름다운 창조물을 만들어내는 사람이란 막연한 로망이 있었어요. 특히 웨딩드레스 디자이너를 꿈꾸는 사람이라면 그 로망이 더 클 거예요. 하지만 현직으로 일해보니 한 마리의 '백조'였답니다. 위에서는 우아하고 아름답게 움직이지만, 좋은 결과물을 위해 밑에서는 쉴 틈 없이 힘껏 발을 저어야 하죠. 처음엔 현실과 이상 사이의 괴리감으로 많이 힘들어했던 것 같아요. 아마도 많은 디자이너분이 그랬을 것 같네요.

 **대한민국에서 '웨딩드레스 디자이너'로 살아간다는 것은 어떤 느낌인가요?**

패션 업계에 아름다움만 보고 뛰어들어선 안 됩니다. 디자이너라는 직업은 굉장히 창조적이어야 하고 도전적이어야 해요. 일단 깨부수고 다시 붙여 나가는 추진력도 필요하고요. 자신만의 감각과 특별한 관심이 있어야 한답니다.

 **특별한 스트레스 해소 방법은?**

저는 스트레스를 받으면 예쁜 걸 자주 보려고 해요. 꽃을 책상 앞에 꽂아 두고, 노래를 들으며 컬렉션 북을 보는 것도 좋아한답니다. 스크랩하며 잡생각을 없애려고 노력도 하고요.

 **웨딩드레스 디자이너를 꿈꾸는 친구들에게 추천해주실 영화가 있을까요?**

'코코 샤넬'을 추천합니다. 디자이너의 일대기를 정말 섬세하게 표현하고 있고, 디자이너의 생활을 엿볼 수 있죠. 저도 시간 가는 줄 모르고 몇 번이나 돌려본답니다. 그리고 무엇보다 등장하는 의상들이 너무 아름다워요.

## 웨딩드레스 디자이너로서 사는 삶을 위해 특별한 노력을 기울이시나요?

감각을 잃지 않고 꾸준히 개발해나가며 아름다운 드레스를 계속 제작해서 세상에 선보이는 게 제 일이에요. 제 직업과 분야에서 해볼 수 있는 모든 일을 도전하고 있죠. 그래서 추가로 필요한 부분들을 끊임없이 배우고 공부하고 있답니다. 어떤 분야라도 평생 해야 하는 것이 공부지만, 특히 드레스 디자인 쪽은 더욱더 전문적인 공부가 꾸준히 필요한 것 같네요.

'푼마이시스' 화보

학창 시절 육상선수로 활동하면서 학생회 간부 일도 도맡아 하는 열정적인 학생이었다. 어린 시절부터 패션에 관심을 두던 중, 고등학교 2학년 때 진로 탐방 프로그램으로 한 대학교를 방문한 계기로 패션디자인과를 결정하게 되었다. 졸업 후에 첫 회사에서 아동복의 매력을 느끼게 되었고 9년간 현업에서 일하다가 영국에서의 유학 경험으로 새로운 도약을 시도하게 되었다. 현재 패션디자인 전공을 살려 어른과 아이들 모두가 입히고 싶고 입고 싶은 옷을 만들고자 노력하는 13년 차 아동복 디자이너가 되었다.

------------------------------------------------

### 코웰패션 <PUMA KIDS> 팀장
# 백수아 디자이너

현) 코웰패션 아동기획팀 PUMA KIDS 팀장
- 블루미 '위시키즈' 팀장
- 이랜드 중국 '포인포' 디자인실
- 이랜드 '치크&트리시' 브랜드 론칭
- 꼬망스 '페리미츠' 디자인실
- 대구대학교 패션디자인과

# 패션디자이너의 스케줄

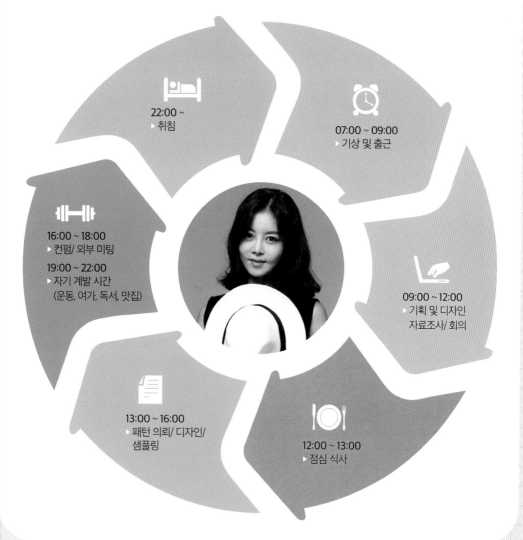

**백수아**
디자이너의
**하루**

22:00 ~
▸ 취침

07:00 ~ 09:00
▸ 기상 및 출근

16:00 ~ 18:00
▸ 컨펌/ 외부 미팅
19:00 ~ 22:00
▸ 자기 계발 시간
  (운동, 여가, 독서, 맛집)

09:00 ~ 12:00
▸ 기획 및 디자인
  자료조사/ 회의

13:00 ~ 16:00
▸ 패턴 의뢰/ 디자인/
  샘플링

12:00 ~ 13:00
▸ 점심 식사

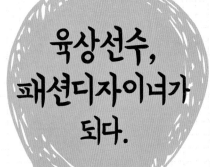

육상선수,
패션디자이너가
되다.

▶ 대학교 졸업작품_수상작

▶ 영국 생활 중에

▶ 영국의 카페에서

**Question** **학창 시절을** 어떻게 보내셨나요?

학창 시절 저는 육상선수였어요. 초등학생 때엔 전교 회장, 고등학생 땐 반장·부반장·총무 등 간부의 일을 좋아하는 아이였죠. 그만큼 리더십이 강하고 주목받는 걸 좋아하는 아이였던 것 같네요. 초·중학교 시절엔 육상선수로 활동해서 공부와는 거리가 좀 있었죠. 그리고 초등학생 시절 과학의 날을 기념하는 그림대회에서 입상했던 기억은 있지만, 미술 실력이 크게 돋보이는 학생은 아녔어요. 활동적인 것을 좋아하는 체력이 좋고 끈기가 있는 아이였답니다. 체육 성적은 실기·필기 모두 전교 1등을 했어요.

**Question** **부모님의 기대 직업도** 패션디자이너였나요?

아버지께서는 직업군인, 어머니께서는 선생님이 되길 바라셨어요. 제가 어릴 때부터 욕심도 많았고 남들에게 지는 걸 싫어하는 성격이었고 육상선수 생활을 오랫동안 해서 체력도 좋았거든요. 그래서 직업군인을 하면 잘할 거로 생각하셨던 것 같아요. 어머니도 제가 안정적인 삶을 살길 원하셔서 선생님이 되었으면 했지요. 하지만 저는 초등학교 저학년 시절엔 개그우먼이 되고 싶은 아이였어요. 5학년쯤엔 패션에 관심을 가지기 시작하면서 스타일리스트, 코디네이터 등 패션과 관련된 직업군에서 일하고 싶다는 꿈을 꾸기 시작했죠.

 **Question** 학창 시절에 패션디자인에 관심을 두게 된 계기가 무엇일까요?

고등학교 2학년 초에 진로 선택 프로그램으로 대학교 탐방이 있었어요. 각자 원하는 전공에 지원하여 미리 탐색을 할 수 있는 유익한 시간이었죠. 저는 패션디자인과를 선택했고 그곳에서 전공 교수님들의 이야기를 들으면서 질의응답 시간을 가졌습니다. 그때 제가 "패션디자인과에 오려면 지금 무엇을 준비해야 하나요?"라고 물어보았는데 "대학에 오려면 입시 미술 시험이 있기에 그림을 그려야 합니다"라는 답변을 들었죠. 그래서 바로 다음 날 화실을 등록하고 입시 미술을 배우기 시작했어요.

**Question** 첫 직장에 대한 첫정을 떼어놓는 게 쉽지 않았을 텐데요?

아동복의 매력을 느끼게 해준 첫 회사에서 근무하던 중, 헤드헌터를 통해 연락받았어요. 브랜드 론칭을 준비하는데 이직 의사가 있냐는 거였죠. 두 번째 회사의 규모는 첫 번째 회사보다 큰 규모였지만, 디자이너들 사이에서 야근이 많고 힘들다는 인식이 있어서 선뜻 제안을 받아들이진 않았어요. 하지만 어쩌면 기회일 수도 있다고 판단하여 결국 이직을 선택했죠. 연봉도 많이 올랐고, 브랜드를 론칭한다는 사명감에 정말 열심히 일했던 것 같아요. '다시 그렇게 열정적으로 무언가에 빠질 수 있을까?' 할 정도로 열심히 일했죠. 제가 정말 일하는 것을 좋아하는 걸 느끼게 되는 계기가 되었고, 인정받으니 더 열심히 하고 싶어지더라고요.

## Question 현업 중단을 선택 후에 영국으로 떠나게 되셨을 때 두려움은 없으셨나요?

현업을 잠시 중단하고 영국으로 떠난 건, 지금 생각해도 정말 잘한 선택 중 하나로 손꼽는 일이에요. 대학 시절에도 유학에 관한 생각이 있었고, 해외 생활을 해보고 싶어 했었어요. 그리고 두려움과 걱정보다는 제가 영어 능력이 부족해서 더욱더 도전해 보고 싶었어요. 하지만 현실에 들어가 보니 1~2달 정도는 정말 막막했던 기억이 나네요. 그 시간을 이겨내니 새로운 세상이 보였고, 삶의 시야가 많이 넓어졌죠. 이제껏 우물 안 개구리였다는 생각이 들었죠.

## Question 영국 유학 생활은 어렵지 않았나요?

전 유학 생활을 잘했던 것 같아요. 나쁜 일도 겪지 않았고, 친구들도 다양하게 만날 수 있었거든요. 런던으로 출장 온 스웨덴 친구를 알게 되었는데, 그 친구도 스웨덴의 유명한 브랜드에서 일한 경험이 있는 친구였죠. 그 친구와 함께 디자인에 관해서 이야기하며 시간을 보내고, 전시회도 다니면서 많은 영감을 받을 수 있었답니다. 제가 한국으로 돌아올 때 마지막으로 그 친구를 보러 스웨덴까지 갈 정도였답니다. 그리고 영국에 살면서 가장 좋았던 것은 저렴한 비용으로 주변의 나라를 쉽게 오갈 수 있어서 다양한 나라의 문화를 접할 수 있었답니다. 디자인에 대한 영감을 받을 수 있는 아이디어도 많이 생기고, 유명한 작품들도 다양하게 볼 수 있어서 정말 행복했던 시간이었어요. 쉬는 동안 10개국 25개 도시를 여행했고, 한국으로 돌아올 때는 제가 보고 느낀 걸 디자인에 적용할 기대에 부풀어 있었죠.

# 미디어를 통한
# 간접 체험의 힘

▶ 영국 생활시절 작품 갤러리에서

▶ 영국 친구들과 함께

▶ 중국 포인포 근무 때_ 중국 유치원 교복 수주전 참가 모습

**진로 선택에 도움을 주었던** 매개체가 있었나요?

　제가 어릴 적 언론·미디어의 영향을 많이 받았던 것 같아요. 초등학교 저학년 때 코미디언의 꿈을 꾸었던 이유 중 하나가, 쉽게 접할 수 있는 미디어에서 누군가를 웃겨주는 게 너무 행복해 보였기 때문이지요. 그 후에 드라마나 각종 프로그램에서 패션디자이너 영상이 보일 때, 패션 관련 직업이 멋있어 보였고 관심이 자주 갔어요. 중학생 때부터 저는 직접 옷을 사러 다닐 만큼 패션에 관심이 많았던 아이였어요.

**Q**uestion **아동복 디자이너를 결심하신 특별한** 이유가 있나요?

　처음부터 아동복 디자인을 하고 싶었던 것은 아니었어요. 졸업 후 서울로 와서 취업해야 했기에 디자인 회사에 지원했었죠. 그게 아동복 회사였고, 그냥 그렇게 시작되었죠. 첫 회사는 나에게 뻔하고 유치할 것만 같았던 아동복의 인식을 고쳐준 회사였어요. 아동복을 처음 시작한 곳에서 느낀 것은, 아동복은 성인 미니미 같은 느낌이었습니다.

**Q**uestion **큰 중국 시장으로 뛰어드셨을 때의** 심정은 어떠셨나요?

　두 번째 회사에서 오래 일할 수 있었던 이유는, 브랜드 론칭 팀으로 들어와서 같은 회사의 다른 브랜드도 론칭을 맡게 되었기 때문이죠. 그리고 중국까지 스펙을 넓힐 수 있었던 것도 캐주얼 성향이 강한 브랜드여서 여아보다는 남아의 판매도가 높았거든요. 여아 라인 확장을 위해서 이동하여 일하게 되었죠. 이것이 디자이너로서 장점이 될 수 있고 단점이 될 수도 있는 부분이죠. 브랜드를 론칭하고 다양한 콘셉트를 경험한 것은 큰 이점일 수 있지만, 한편으론 하나의 브랜드를 길게 볼 수 없었던 아쉬움도 있었기 때문이에요. 새로운 것을 만들어 내야 한다는 부담감과 스트레스는 당연히 있었고, 저를 믿고 맡겨준 것에 대한 책임감도 컸죠. 그것에 대해 인정받을 때의 기분은 말로 표현 못 할 기쁨이었답니다. TV나 길거리에서 제 옷을 입고 있는 아이들을 볼 때면, 이 일에 대한 만족도도 올라가고 뭔가 보상받는 기분이 들곤 했었죠. 이 모든 것이 저를 많이 성장시킨 것 같아요.

**Question** 디자이너로서 첫 업무는 어떻게 진행되었나요?

지난 시즌에 대한 분석과 현재 시즌에 대한 트렌드를 접목하여 8개월에서 10개월 전부터 시즌 디자인에 들어갑니다. 자료를 조사하고 샘플 작업을 하고 품평회와 회의 진행 후 셀렉된 상품은 생산에 들어가게 되죠. 그 옷들이 메인으로 나오기까지 컬러/퀄리티/스펙 등 전체적인 것을 컨펌하는 일을 진행했습니다.

**Question** 2년간 쉬시다가 다시 현업으로 돌아왔다고 들었습니다.

네. 쉬지 않고 9년 정도 일을 하다가 2년을 쉰 후 다시 현업에 돌아왔지요. 일을 쉬기 전의 업무는 디자이너 역할로서 시즌 디자인에 관해 집중적으로 매달렸죠. 쉬고 난 후 첫 번째 회사에서는 패션의 전체적인 것을 볼 수 있는 기회가 주어졌어요. 회사 규모가 작았는데 덕분에 기획/디자인/생산/마케팅에 관해 폭넓게 일해 볼 수 있어서 좋았답니다. 전년도 시즌 디자인 분석은 물론이었고 트렌드 분석을 하여 샘플 작업을 하는 것은 같았지만, 가장 차이가 있는 것은 시즌 2~3달 전에 디자인이 들어간다는 거예요. 그래서 더 트렌디하고 빠른 시장의 흐름을 읽어내는 능력이 필요했죠. 이전에 하던 일과 같이 메인으로 나오기까지 컨펌과 함께 생산도 진행했어요. 그리고 메인 옷이 나오면 모델 촬영과 제품 촬영도 한답니다. 스튜디오/모델/작가/메이크업 실장님 등 촬영에 필요한 것들을 직접 셀렉하고 촬영 시안도 직접 잡아서 정말 즐겁게 일할 수 있었어요. 회사마다 조금씩 일하는 부분의 차이는 있다는 의미예요.

디자인할 때 가장 영감받는 것은 무엇인가요?

보통 시즌 디자인이 시작되면 3달의 시간이 소요돼요. 아동복은 봄·여름·가을·겨울 4 시즌으로 나뉘고, 중간에 간절기·핫썸머 등 세분화하기도 한답니다. 아이템별로 나뉘는 예도 있지만, 저는 보통 존(zone)으로 나눠서 월별로 맡거나 콘셉트별로 맡아서 디자인을 진행하죠. 실장님을 통해 콘셉트와 컬러를 받으면 그 기간 그 콘셉트와 컬러에 빠져 지낸답니다. 물건을 살 때도 옷을 살 때도 모든 것이 그 기준의 컬러톤과 디자인을 연관해서 적용해 보는 것 같아요. 일상 모두가 하나하나 영감받는 요소라고 할 수 있어요.

**Q**uestion 성인복과 아동복의 디자인 작업이 다른가요?

성인복은 보통 FREE 또는 S/M/L 사이즈로 나뉘지만, 아동복은 그 단계가 더 세분되어 있어요. 보통 100호~150호 사이즈로 진행되는 브랜드를 많이 맡아 진행하였는데 아동복은 5~10가지 사이즈로 아주 다양하답니다. 샘플링 작업을 할 때도 전체 사이즈를 만들 수 없으니 기준이 되는 사이즈로 샘플 작업 후에 기준 스펙을 정하죠. 그리고 위아래 사이즈 편차를 주어 그레이딩 작업을 해서 전체 사이즈 기준을 정한 뒤 진행해요.

**Q**uestion 디자인 작업을 하시면서 기억에 남는 에피소드가 있으신가요?

저는 주로 토들러 라인으로 돌쟁이 이후부터 초등학교 저학년이 입는 브랜드를 진행합니다. 한번은 주니어 라인을 맡게 되어 샘플 작업 자체를 큰 사이즈 기준으로 내어보니 눈에 익지 않아 옷이 이뻐 보이지 않는 상황이 그려지며 머릿속이 멍해지는 기분을 느꼈어요. 브랜드별로 기준 샘플 사이즈가 달랐는데 90호/100호/110호/120호/130호 모두 샘플 작업해본 결과 옷은 작을수록 귀엽고 이쁜 것 같아요.

**아동복 디자이너가 되기 위한** 과정과 진로 방향은 어떻게 되나요?

결국 선택의 문제인 것 같아요. 사실 여성복은 피팅이 되어야 시작할 수 있는 시작의 폭이 제안되는 것을 제외하면, 아동복은 관심이 있으면 할 수 있는 게 아닌가 싶어요. 다양한 패션디자인 영역 중에서 아동복은 한 분야의 선택이라고 생각해요.

**'아동 스포츠웨어' 디자인과 일반 아동복 디자인을 할 때** 가장 큰 차이점은 무엇인가요?

이전엔 주로 아기자기하고 트렌디한 방향성을 가지고 디자인을 적용하는 경우가 많았어요. 여자아이들의 시선에 맞춰 레이스가 들어가거나, 남자아이들의 시선에 맞춰 남아들이 선호하는 모티브를 넣었죠. 아이들의 시선에 맞는 문양을 사용하는 건 손이 많이 가는 작업이에요. 그리고 해당 브랜드에서 디자인과 콘셉트를 잡아서 그 시즌을 진행하는 경우여서 제 의견이 들어가는 디자인을 많이 했죠. 지금 아동 스포츠웨어는 어느 정도 제한적인 게 있답니다. 글로벌브랜드 본사에서 주어지는 시즌컬러와 그래픽을 사용해야 하는 것이죠. 그리고 속도를 내려고 해도 컨펌받는 것에 대해 좀 더 체계적으로 정해준 기준이 있어요. 기준이 있고 엄격히 제한되어야 글로벌적으로 관리가 되기에 당연한 거겠죠.

▶ 데님 바지 디자인 셀렉 중

**Question** 유능한 아동복 디자이너가 되기 위해선 어떤 걸 알아야 하나요?

일단 아이들을 좋아해야 하고, 연령별로 선호 차이를 인지해야 하죠. 어른들과 달리 아이들은 불편하면 입지 않아요. 성인들은 불편함을 감수하고라도 이쁘고 유행하면 구매해서 입는 경우가 많지만, 아이들은 조금 불편하면 착용을 거부하죠. 그러면 부모들도 힘들어지겠죠? 그리고 나이대별로 차이가 확실히 있어요. 처음엔 부모, 부모의 지인, 친척 등의 선물로 타인의 선택으로 입혀지다가, 어느 정도 나이가 되면 알록달록 컬러가 들어간 것을 비선호하는 시기도 와요. 아이들의 연령대별로의 차이를 인지하고 디자인 적용을 하는 것이 아동복 디자이너의 기본이라고 생각해요.

**Question** 디자인하실 때, 사용하는 옷감 재질을 어떤 기준으로 선택하시나요?

몇 년 전엔 100% 면, 오가닉 소재 등에 중점을 두었지만, 요즘은 브랜드마다 기준이 다르다고 말하는 게 맞는 것 같네요. 브랜드마다 다르고 시대의 흐름에 따라서도 소재의 사용이 많이 달라진답니다. 현재는 스포츠웨어 분야여서 면 100%보다 기능성의 추가 여부를 더 중요하게 체크하고 있지요. 또한 기능성의 성격에 따라 소재의 특징이나 소재를 파악하는 기준이 많이 바뀌었습니다.

▶ 아동복 촬영 현장

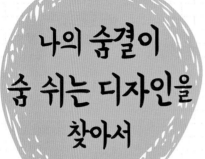

나의 숨결이
숨 쉬는 디자인을
찾아서

▶ 매장 사진

▶ 업무 장면

▶ 모임 회의 장면

Question **디자이너로서 삶의 비전은 무엇인가요?**

어른이 된 저도 여전히 고민과 선택의 연속인 삶을 살고 있습니다. 디자이너로서 장기적으로 모두에게 사랑받을 순 없어도 제 고유의 디자인 가치가 숨 쉬는 디자인을 하고 싶어요. 그러기 위해 저는 다양한 경험을 쌓기 위해서 노력해요. 한곳에 안주하지 않고 전체적으로 경험해 보고 시야를 넓히는 작업은 정말 큰 자산인 것 같아요. 그러다 보면 결국 저 자신에 대해 더 잘 알게 되고, 제가 원하는 것과 잘하는 것 위주로 방향이 좀 더 명확해지죠.

Question **앞으로 개인 브랜드에 대한 계획도 있으신가요?**

언젠가는 저만의 것을 해보고 싶다는 생각은 해요. 그리고 개인 브랜드를 하게 되더라도 아동복 분야를 계속 이어가고 싶고요. 실천은 어렵지만, 누구나 마음속에 품고 있는 또 하나의 목표이자 희망이지 않을까요? 그리고 현재 흥미를 느끼는 것은 아웃도어 쪽이에요. 개인적인 취미생활의 방향이 바뀐 것도 영향력이 있는 듯한데, 아직 해보지 못한 아웃도어 분야의 기회가 있으면 도전해 보고 싶어요. 이것을 제 주전공 분야인 아동복과 연결한다면 재밌을 거 같네요.

▶ 치크 디자인 사진

**회사를 선택하는 기준에 관해서 알고 싶어요.**

팀원들의 분위기와 리더의 성향을 신중히 고려할 것 같아요. 서로가 어떤 방향과 목표를 가지고 이 업무에 임하는지가 중요하죠. 규모가 크고 작은 것을 떠나서 '함께'의 가치를 아는 곳에서 일하고 싶어요. 그것을 아는 사람들이 모이면 상당한 시너지가 난다는 걸 경험을 통해 알기 때문이죠. 사실 정답은 없어요. 상황과 환경, 사람에 따라 기준은 다른 거니까. 제 성향과 방향성이 비슷한 회사를 선택하게 되는 것 같아요.

**이직하시면서 연봉협상 과정에서의 꿀팁이 있을까요?**

꿀팁이라기 보단 사실 제가 정말 원해서 이직한 경우는 없었어요. 이직의 기회는 왔지만, 이전의 회사에서 충분히 이직하지 않아도 좋을 이유가 있었죠. 그렇기에 연봉협상을 하면서 '나는 이런 사람이다'라고 당당하게 보여주고 요구했던 것 같네요. 중요한 건, 이직한 회사에서 최선을 다해 책임감을 지니고 일하려고 노력했죠. 그래서 회사에서도 좋게 봐주고 인정해준 것 같아요.

▶ 푸마 키즈 컨벤션 진행 현장

**Question** 아동복 디자이너를 꿈꾸는 학생들에게 추천하실 영화나 도서는 어떤 것이 있을까요?

색감이 이쁘거나 패션 관련 정보의 영상들이 영감을 주죠. 가장 최근에 본 작품으로는 '타오르는 여인의 초상', '레이디 데이 인 뉴욕', 그랜드 부다패스트 호텔'가 색감이 정말 이쁜 영화로 기억에 강하게 남아있어요. 그리고 '마리 앙투아네트'는 아주 오래전 본 영화인데 아직도 잊히지 않을 정도로 당시에 영감을 많이 받은 영화죠. 최근 넷플릭스 시리즈였던 '에밀리, 파리에 가다'의 에밀리의 패션센스도 재미 요소가 많았던 것 같아요.

**Question** 스트레스 푸는 특별한 방법이 있나요?

단연코 여행이죠. 스트레스받는 상황과 공간을 떠나서 한 템포 쉬어가요. 살아가면서 스트레스를 받지 않을 수는 없는 게 사회인 것 같고, 특히 디자인 분야는 더욱더 스트레스를 많이 받는 거 같아요. 또한 취미생활이나 즐기는 활동도 캠핑과 아웃도어라이프랍니다. 자연과 함께하면 마음의 무거운 것들이 내려지는 느낌이죠. "그동안 내가 욕심이 많았었구나"라고 돌아보게 되더라고요. 현실에서 앞만 보고 달리다 보면 많이 지쳐요. 지치고 힘들다가도 자연을 찾아가면 그 모든 것에 대한 복잡한 감정과 생각이 정리됩니다.

▶ 취미생활 아웃도어라이프

패션디자이너의 길을 지금까지 걷고 있는 것은, 제가 아는 직업의 범위에서는 제일 매력적인 직업이라고 생각하기 때문이에요. 그리고 제 능력을 잘 발휘할 수 있는 부분이기도 하고요. 그래서 일하면서 슬럼프에 빠졌어도 이겨낼 수 있었죠. 그리고 잠시 디자이너로서 쉼이 있었지만, 결국 패션디자이너로 돌아올 수밖에 없었던 것 같아요. 일단 다양한 경험과 도전을 해보세요. 무엇이든 잘할 수 있는 역량이 갖춰지면 다양한 기회가 찾아오겠죠. 그 경험들로 인해 자신을 알게 되고 그 방향을 찾아갈 수 있으니까요. 조금 틀릴 수도 있고 방황할 수도 있어요. 패션디자이너에 대해 관심이 간다면 패션디자이너가 왜 하고 싶은지에 대해서 스스로 답을 찾아보세요. 정말 즐기는 사람은 이기지 못해요. 즐길 준비가 되어 있는지 한 번 깊게 생각해 보시길...

학창 시절 미술 분야에 흥미를 느끼며 옷가게에서 아르바이트도 하면서 패션디자이너의 꿈을 키웠다. 제품디자인학과를 졸업 후 최종합격된 일반회사에서 발을 돌려 패션디자이너의 길을 선택하게 된다. 패션디자이너를 결심한 이후, 학원에 다니면 기술적인 면을 배우면서 자신만의 브랜드 콘셉트를 잡아나갔다. 현재 부산에서 '필레'라는 브랜드를 운영하고 있다. '디자이너'라는 직업이 사람들의 삶의 질을 높인다는 자부심으로 일하고 있다.

---

### 성인복 패션 <pillé> 대표
# 정성필 디자이너

현) pillé 대표
- 디자인회사 인턴
- 경성대학교 제품디자인학과
- 부산디자인고등학교

# 패션디자이너의 스케줄

정성필
디자이너의
**하루**

22:00 ~
업무/ 연구 마무리
및 취침

06:30 ~ 07:30
▶ 기상 및 출근
07:30 ~ 08:00
▶ 아침 커피와
하루 일정 정리

18:00 ~ 20:00
▶ 연구 프로젝트 수행
20:00 ~ 22:00
▶ 퇴근 및 가족과
함께하는 시간

08:00 ~ 09:00
▶ 논문 읽기
09:00 ~ 12:00
▶ 대학원생과
연구 미팅

13:00 ~ 17:00
▶ 강의 및 강의 준비
17:00 ~ 18:00
▶ 저녁식사

12:00 ~ 13:00
▶ 점심식사

평범한 회사원을
거부하다

▶ 대학교 시절

▶ 도쿄 패션전시회에서

▶ 대학교 시절_호주생활

**Question** 학창 시절에도 디자인에 관심이 많으셨나요?

미술 분야나 예술 분야에 있어서는 흥미를 늘 가지고 있어서 열심히 했던 것 같아요. 하지만 학업을 열심히 하는 학생은 아녔어요. 다만 중학교 때부터 미술 쪽에 관심이 많아서 디자인 쪽으로 진로를 택하게 되었어요. 항상 미술 시간에 진행하는 수업들은 1등을 하고 싶어서 제일 열심히 했었어요.

**Question** 부모님도 디자인 분야를 승낙하셨나요?

부모님은 공무원 쪽이나 사무직을 원하셨죠. 하지만 저는 디자인 관련 분야나 예체능 분야에 관심이 많았어요. 옷은 어릴 때부터 워낙 좋아해서 많이 꾸미고 다녔고요. 어렸을 때부터 마냥 옷이 좋아서 옷가게에서 아르바이트하며 옷에 관한 일을 하고 싶다고 늘 생각했어요. 그러다가 자연스럽게 마음속에 디자이너라는 꿈이 자라났던 것 같아요.

**Question** 다른 길로 갈 수도 있었다고요?

취업하기 위해 면접 보고 최종 합격되어 출근만 하면 되는 상황이었지만, 평생 내가 직업으로 삼아야 할 것이 무엇인가에 대해 곰곰이 생각했죠. 그러다가 진짜 좋아하는 일을 해보자는 생각이 번뜩 들었습니다. 거짓말 같겠지만, 그길로 최종 합격한 회사를 포기하고 패션 쪽으로 결정했어요.

**Question** 디자이너를 결심한 이후 어떠한 준비를 하셨나요?

　우선 패션디자이너를 결심한 이후, 옷이 만들어지는 과정들을 습득해야 했죠. 그래서 학원을 통해서 기술적인 면들을 배우고 익히며 나만의 색깔을 담기 위한 브랜드 콘셉트를 잡아나갔어요.

**Question** 진로를 선택할 때 도움을 주신 분이 있나요?

　어렸을 때부터 미술을 하고 디자인과를 진학하게 되니까 자연스럽게 주위 사람들이 디자인이나 예술 쪽으로 도움을 많이 주었죠. 많은 정보도 얻고 저 스스로 심도 있게 공부하게 되었던 것 같아요. 오히려 패션 쪽으로 먼저 진로를 선택하고 진행하던 친구들이 갈피를 못 잡고 있을 때 도움을 주기도 했죠. 부모님, 친구들과의 사이가 좋았어요. 그래서 이야기를 많이 나누고, 친구들이랑 보내는 시간이 많았죠. 서로의 미래에 관해서 논의도 하고 응원하면서 소통을 많이 했던 것 같아요.

**Question** 디자이너가 되기 위해서 했던 기억에 남는 활동이 있을까요?

　아무래도 패션 쪽이기에 패션디자이너라면 한 번은 꼭 해보고 싶은 관문인 '서울패션위크' 패션쇼를 했던 것이 가장 기억에 남아요

디자인에 어떤 매력을 느끼셨나요?

제가 직접 디자인한 옷으로 다른 누군가에게, 또 많은 사람에게 옷을 통해 기쁨을 주는 게 가장 큰 매력이 아닐까요?

학창 시절의 경험이 현재 디자이너로서의 직업에 미친 영향은?

미술을 전공하며 디자인 공부를 했던 것이 현재 패션디자인에 정말 많은 도움이 됩니다. 비록 제품디자인학과로 전공이 달랐지만, 디자인이라는 큰 맥락에서는 똑같다고 생각해요. 디자인을 도출하는 과정이나 프로세서가 닮아 있어요. 그리고 패션만 공부한 게 아니기에 틀에 박힌 시선보다는 또 다른 시각으로 패션을 바라볼 수 있었죠.

## 패션에는
## 정답이 없다

▶ 화보 촬영장에서

▶ 서울패션위크 전시장

▶ 패션위크 부스

**디자이너가 되고 나서 새롭게 알게 된 점은 무엇인가요?**

옷 하나가 완성되기까지 정말 많은 정성과 고민과 고뇌를 거쳐야 한다는 걸 알게 되었어요. 그 뒤로 무심히 입고 다녔던 옷들을 다시 한번 돌아보게 됩니다.

**Q**uestion **개인 브랜드를 오픈하시게 된 동기가 궁금합니다.**

패션 전공도 아니었기에 정말 저에겐 무모한 도전이었어요. 하지만 오히려 전공이 아니었기에 더 공격적으로 진행할 수 있었던 것 같아요. 회사에 다니면서 브랜드를 운영하는 커리큘럼을 배우고 시작할 수도 있었겠지만, 좀 다르게 생각해 봤어요. 회사에 다니게 되면 업무로 인해 전체적인 그림을 보지 못할 거라는 생각이 들었거든요. 오히려 당시에 지닌 열정과 감각들이 무뎌질 것 같았어요. 그래서 브랜드 오픈하기에 앞서 여러 공장을 돌아다니며 다양한 실무를 배웠죠. 정말 무모하리만치 배우면서 시작하게 되었어요.

**Q**uestion **지금 하고 계신 일은 어떤 업무인가요?**

저희 '필레'라는 브랜드는 '패션에는 정답이 없다.'라는 슬로건 아래 관습적인 규칙이나 고정관념을 깨는 패션을 지향합니다. 오리엔탈 미니멀 무드를 담아내고 있답니다. 업무로는 시장조사부터 배송까지 모든 일을 도맡아 하고 있어요.

**Question** 개인 브랜드 운영하시면서 특이한 사항이 있나요?

처음에 혼자 운영하게 되면 자금이 많이 투입되고, 하나부터 열까지 혼자서 다 진행해야 하는 부분이 매우 어렵답니다. 그래서 '디자인' 부분만 집중하는 게 아니라 전체적인 그림, 숲을 볼 줄 알아야 하죠. 전반적인 경영을 다 이해해야 합니다. 그 전엔 전혀 관심 없었던 부분들까지 직접 찾아가며 공부하고 배워나가야 하죠.

**Question** 디자인 작업을 위해 가장 먼저 하는 일이 무엇인가요?

디자인하기 위해서 가장 먼저 하는 일은 '시장조사'예요. 디자인뿐만 아니라 각종 부자재와 원단 등을 빨리 파악해야 한답니다.

**Question** 디자인하실 때 주로 어디서 영감을 받으시나요?

영화를 보면서 많은 영감을 받아요. 그리고 한 번씩 해외 전시나 출장을 가게 되면 다른 나라 사람들이 입고 다니는 스타일을 보고도 영감을 받죠. 시즌마다 영감을 받는 부분이 달라요. 예전에 일본 여행하면서 컬렉션 영감을 받았던 게 기억에 많이 남네요. 일본 여행하면서 풍경이나 오래된 건물들의 모습을 보면서 심플하면서 모던한 컬러가 조화된 것에 착안하여 시즌에 반영했던 기억도 있고요.

**Question** 일본에서 필레 브랜드에 관심을 받으신 적에 있다고요?

네. 일본 편집숍에 시장조사차 들렀는데, 종업원이 제가 입고 있던 옷에 관심을 가지며 어느 브랜드인지 물어봤었죠. 제가 옷을 구매하러 갔는데 오히려 종업원이 저희 필레 브랜드 옷을 구매하게 되는 재미난 일이 벌어졌죠.

**Question** 디자인 작업을 하시면서 기억에 남는 에피소드가 있으신가요?.

야외 촬영을 하면서 여러 장소를 돌아다녔던 때가 기억나네요. 한번은 공사 현장에서 촬영한 적이 있어요. 당시에 사람들이 없어서 그곳에 몰래 들어가 촬영했죠. 촬영 공간이 이렇게 자유롭고 다양하다는 게 참 좋아요. 물론 각자의 선호하는 분위기나 콘셉트에 따라 달라지겠지만, 의외로 생각지 못한 장소에서 제가 디자인한 제품이 의외의 매력을 발산할 때가 있답니다.

▶ 룩북 촬영장에서

▶ 필레 패션쇼

디자이너는
삶의 질을
높이는 직업

▶ 사무실에서 업무 중

**Question** 패션디자이너에 대한 잘못된 통념이 있을까요?

저는 패션디자이너라고 하면 고상하고 엘레강스하고 옷도 잘 입고 그런 이미지를 생각했거든요. 하지만 막상 디자이너가 되고 여러 다른 디자이너를 보면서 그렇지 않다는 걸 알았죠. 또한 정말 옷에 대한 열정으로 일하는 사람들도 있지만, 경제적인 목적만을 위해 디자인하는 분들도 계셔서 좀 당황스러웠죠.

**Question** 디자이너가 되기 위해 어떤 준비를 해야 할까요?

실무에 필요한 역량이 필요해요. 회사에 취직하게 된다면 옷을 디자인하는 정도만 알아도 가능하지만, 브랜드를 운영한다면 옷이 만들어지는 과정, 원단을 주문하는 방법, 생산하는 방법 등 여러 가지 역량을 갖추어야 해요. 이러한 것들은 회사에서의 실무를 통해서 얻을 수 있을 겁니다.

**Question** 디자인을 잘하기 위한 특별한 방법이 있을까요?

지름길은 없어요. 자신이 디자인하고 싶은 분야에 관심을 두고 스스로 지속해서 배우고 익혀야 해요. 거기에 어떠한 기술이 필요하다면 몸이 기억할 때까지 꾸준히 기술 연습을 많이 하시길 바랍니다.

**대한민국에서 '패션디자이너'에 대한 이미지는 어떤가요?**

대한민국에서 패션디자이너는 사람들의 인식에 긍정적으로 각인되어 있다고 생각해요. 그리고 그 시선보다 더 중요한 것이, '디자이너'라는 직업 자체가 사람들의 삶의 질을 높이는 직업이라고 생각하기에 저 스스로 자부심을 느끼며 살아간답니다.

**Question** **패션디자인에 관하여 추천해주실 영화나 도서는 있을까요?**

모든 영화가 각자에게 영감을 줄 수 있다고 생각해요. 저는 최근에 봤던 디즈니 영화 '크루엘라'라는 영화가 정말 재미도 있었고, 개인적으로 디자인적인 영감도 많이 받았어요. 도서로는 유명 디자이너의 일대기 등을 읽으신다면 많은 소스를 얻을 수 있을 거예요.

**Question** **스트레스를 푸는 특별한 방법은 무엇인가요?**

저는 영화를 보거나 카페에 많이 가요. 요즘은 골목마다 새로운 카페들이 각양각색 자신만의 개성으로 감각적으로 많이 생긴 것 같아요. 그리고 바쁜 와중에도 시간을 쪼개서 여행을 가곤 한답니다. 여행을 통해서 스트레스도 풀지만, 여행 속에서 정말 많은 영감을 받기에 '여행'은 무조건 필수예요.

## 앞으로의 인생 계획과 비전을 말씀해 주시겠어요?

많은 활동을 통해 브랜드 인지도를 높이고, 더 나아가 한국뿐만 아니라 해외에서도 필레라는 브랜드가 많은 사람에게 각인되길 바라요. 글로벌한 브랜드로 뻗어나가는 것이 디자이너로서의 목표랍니다. 언어가 다르고 국적이 달라도 저의 옷을 통해 전 세계에 있는 많은 사람이 행복할 수 있다면 최고겠지요.

## 패션디자이너를 꿈꾸고 있는 청소년들에게 한마디 해주세요

패션디자이너는 누구나 될 수 있는 직업이에요. 그러나 누구나 디자이너로서 자리 잡고 성공하기는 쉽지 않아요. 열정과 관심의 차이라고 생각합니다. 관심이 있는 분야가 있다면 그 분야에 열정과 관심을 모두 쏟아내며 즐기세요. 정말 즐기는 자를 이길 사람은 없답니다.

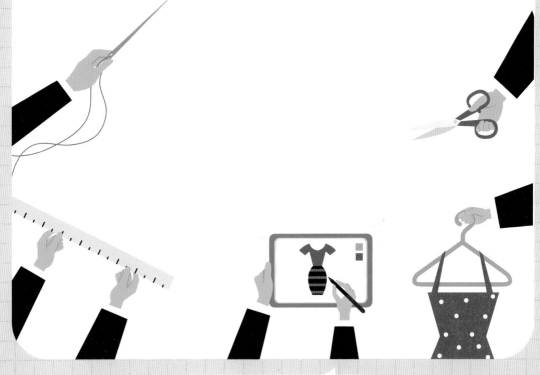

필레 룩북

어린 시절부터 배구선수로서 활동하다가 프로 배구선수의 길로 접어드는 시점에 어깨를 다쳐서 배구선수의 길을 접게 되었다. 결국 한복 디자이너이신 부모님의 권유로 디자인을 배우며 일반 대학에 진학하였다. 한복 디자인을 공부하던 중, 우연히 이영희 한복 디자이너의 책을 읽고 감명받아 멘토로 삼게 된다. 지금은 현대적인 감각으로 자연스러움과 아름다움을 추구하는 한복 브랜드의 디자이너이자 대표가 되었다. 결혼식이나 기타 행사 한복들을 전문적으로 맞추고 대여하고 있으며, 현대적인 디자인을 가미하여 더욱더 다양한 한복을 선보이기 위해 노력 중이다.

------------------------------------------------

### 전통한복 <자연스리> 대표
# 이슬기 디자이너

현) 전통한복 <자연스리> 대표
- 前 이가경 한복 부원장: 늘꿈 생생 인터뷰 멘토링,
  뉴스채널 멘토링 인터뷰
- 세계일보 한복디자이너 인터뷰,
  mbc 대한외국인 한복협찬,
  MBC복면가왕 카이 한복협찬 외 다수
- 명지대학교 졸업

# 패션디자이너의 스케줄

## 이슬기
### 디자이너의
## 하루

* 저는 일단 매장에 출근하여 제일 먼저 하는 일은 '청소'입니다. 숍 전체를 깨끗하게 청소하며 하루를 시작해요. 그다음은 상시 들어오는 문의에 응대하거나 예약 고객님 리스트를 보고 예약 시간에 맞게 '고객응대/고객상담' 후 '대여' 또는 '맞춤 디자인'을 진행해드려요. 그리고 그 디자인 작업을 재단까지 하여 작업실 넣는 과정으로 하루가 마감되죠. 셀렉하신 한복을 개인의 체형에 맞게 바느질하거나 갖가지 작업을 해요

**24:00 ~**
▶ 취침

**07:00 ~ 08:00**
▶ 기상 및 아침 식사
**08:30 ~ 09:30**
▶ 출근 준비

**19:00 ~ 20:30**
▶ 퇴근 및 저녁 식사
**20:30 ~ 21:30**
▶ 헬스 트레이닝

**10:00 ~ 11:30**
▶ 한복 작업실

**13:00 ~ 16:00**
▶ 고객 상담
**16:00 ~ 19:00**
▶ 손질 및
바느질 디자인 작업

**12:00 ~ 13:00**
▶ 청소
▶ 점심식사

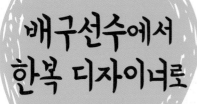

배구선수에서
한복 디자이너로

▶ 어린시절_크리스마스

▶ 20대_한복 디자이너를 꿈꾸며

▶ 초창기_한복 화보 촬영장에서

**Question** 배구선수의 길을 갈 수도 있었겠군요?

저는 초등 3학년부터 고등학교 졸업 때까지 원래 배구선수 출신이었습니다. 학창 시절 원래는 디자이너의 꿈보다는 프로 배구선수가 되는 것이 꿈이었죠. 어렸을 때부터 운동이 주였던 된 저는, 수업보단 운동장에서 있는 시간이 더 많았어요. 그래서인지 일반 학생들보다는 성적이 조금 낮은 편이었어요. 고등학교를 졸업할 즈음 프로팀을 바라보고 진학을 원했는데 어깨 부상으로 인해 아쉽게 프로 팀을 못 가게 되었답니다. 어쩔 수 없이 운동을 포기하고 졸업 후 부모님의 권유로 디자인을 공부하여 명지대학교에 진학하게 되었어요.

**Question** 한복 디자이너가 되기로 한 계기가 궁금합니다.

어느 날, 어머니 한복매장에서 있었는데 고객 한 분이 한복을 반납하러 오셨어요. 그러면서 저희 어머니의 손을 잡고 우시는 거예요. 덕분에 결혼을 잘할 수 있었다고 말씀하시면서 결혼식 때 한복 사진을 보여주셨어요. 그 장면을 본 저는 일반의류 디자이너도 좋지만, 특별한 날에 입는 한복을 디자인해보고 싶단 생각이 들었어요. 저도 누군가에게 감동을 주고 싶었거든요.

**Question** 진로 선택 시, 도움을 준 환경이나 멘토가 있었나요?

부모님의 영향이 가장 크죠. 저희 부모님께서 두 분 다 한복 디자이너세요. 어릴 적부터 한복을 많이 보고 자랐었죠. 어느 날 한복 디자인을 공부할 때 책방에서 '파리로 간 한복장이'라는 책을 읽게 되었어요. 그 책의 저자이신 한복 디자이너 이영희 선생님이

너무 멋있었어요. 파리에서 처음으로 우리나라 옷으로 런웨이를 하셨거든요. 이영희 선생님을 실제로 본 적은 없어도 선생님이 저의 멘토가 되었죠. 저도 언젠가 파리에서 우리나라 옷을 알리는 기회를 얻도록 지금도 계속 꿈을 키워나가고 있답니다.

**Question** **개인 한복 브랜드를** 오픈하게 되신 계기는?

처음엔 어머니 밑에서 한복 작업을 하면서 월급을 받았어요. 개인 브랜드를 오픈한 지는 이제 3개월 정도 되었고요. 브랜드를 낸 건 한 1년 정도 된 것 같네요. 아버지는 '이가경 한복'이라는 부산점에서 브랜드를 크게 내서서 30년 넘게 운영해 오셨거든요. 사실 저는 '나를 위한 한복'이 아니라 '고객을 위한 한복'을 꿈꾸었답니다. 현대적인 느낌의 디자인과 콜라보한 한복을 디자인하고 싶기도 했고요. 실제로, 한복과 어울릴 수 있는 주얼리, 한복 스카프, 파우치 등 액세서리들도 함께 제작하여 판매하고 있어요. 지금은 면목동에 있는 작은 한복숍이지만, SNS를 보시고 일부러 찾아오시는 분들이 많이 계셔서 정말 감사하죠.

**Question** **개인 한복숍을** 운영하시면서 특별한 점이 있나요?

개인 숍을 운영하다 보니 '자유로움'이 가장 큰 혜택인 것 같네요. 예를 들면 예약 스케줄이 없거나 개인 사정으로 시간을 내야 할 때가 있어요. 그때 효율적이면서도 융통성 있게 시간을 조율할 수 있거든요. 그리고 아직 숍을 오픈한 지 얼마 안 되었지만, 오프라인 숍을 유지할 정도로 경제적으로 안정적이고요. 물론 앞으로 '자연스리' 한복을 더 알리고, 더 열심히 디자인해야겠지요.

▶ 한복을 입고 직접 촬영

디자인 학습은
무엇보다 주도성과
자발성

▶ 한복 만드는 장면 1

▶ 한복 만드는 장면2

▶ 서울숲에서

**Question** 한복 디자인을 위해 가장 먼저 하시는 작업은?

'원단 셀렉'을 가장 먼저 해요. 한복에 사용되는 원단들이 너무 많거든요. 어떤 원단과 색상을 선택할지를 고민하는 원단 셀렉 작업이 가장 먼저 해야 하는 부분이라고 할 수 있어요.

**Question** 디자인하실 때 주로 어디에서 영감을 받으시나요?

때마다 다 다른 것 같아요. 일단 한복은 저고리의 선이라던가 치마의 주름, 또는 한복의 전체적인 색감 매치가 매우 중요해요. 그리고 한복도 전통한복이 있지만, 시대에 따라 어느 정도 변화를 주는 것도 괜찮다고 생각합니다. 틀에서 너무 벗어나면 안 되겠지만, 약간의 변형을 주는 건 좋다고 생각해요. 그래서 한복뿐만 아니라 일반 의류 패션 잡지 등 종류를 가리지 않고 많이 보는 편이에요. 거기에서 영감을 받고 작업을 진행하기도 하거든요. 한복도 사람이 입는 의류에 속하기에 다 연결되는 것 같아요.

**Question** 처음 디자인 작업을 하시면서 고충도 있었을 텐데요?

처음에는 바느질도 제대로 못 했어요. 바느질 배울 때 많이 찔렸죠. 저고리나 치마 작업할 때 옷감보다 제 손을 더 많이 찔렀던 기억이 나네요. 지금은 그동안의 반복 학습으로 인한 노하우가 생겨서 요리조리 잘 피해서 작업하고 있어요.

**Question** 한복 디자인 작업을 하시면서 기억에 남는 에피소드가 있으신가요?

제가 실크 한복 치마를 급하게 다림질하느라 불 조절을 제대로 못 한 채 다림질한 적이 있어요. 결국 한복 치마를 태웠죠. 그 순간 너무 당황했었는데, 그 태운 부분에 급히 자수를 디자인해서 넣어서 리폼을 했답니다. 다행히 고객님이 오히려 자수가 놓인 치마를 보시고는 정말 좋아하셨어요.

**Question** 한복 디자이너가 되기 위해 어떤 준비를 해야 할까요?

한복 의상 학원에 다니셔도 좋아요. 만약 몸소 느끼고 싶으시다면 직접 한복매장에서 잠깐이라도 일해보시는 걸 추천합니다. 직접 경험해보고 배우는 과정이 되실 수 있죠. 매장에서 직접 일을 해보시면 고객 응대부터 디자인 작업 손질 마무리 단계까지 실무적인 경험을 하실 수 있을 거예요.

**Question** 한복 디자인을 잘하는 방법을 알고 싶어요

디자인에 관한 폭넓고 다양한 견문과 정보를 습득하세요. '한복'이라는 카테고리에만 국한된 것이 아닌 일반 패션 잡지들을 함께 보는 걸 추천합니다. 최근의 디자인이나 색감의 경향도 파악되고 디자인 영감을 받기도 하고요. 그리고 학원에 다니는 것보다 한복 디자인과 관련된 정보를 직접 찾아보는 게 나을 수 있어요. 직접 정보를 찾다 보면 자연스럽게 공부가 되고, 주도적이고 자발적으로 하다 보면 학습효과도 뛰어난 것 같아요. 사실 누군가의 구속 없이 스스로 좋아서 하는 게 더 재밌고 즐겁잖아요.

한복은 결국
우리의 오랜
**전통이다**

▶ 고객 주문사항 체크

▶ '자연스리' 매장 내부

▶ 한복 제작을 마무리하며

**Question** 한복 디자이너에 대한 오해와 진실을 밝혀 주세요.

많은 분이 한복 디자이너들은 조용하고 지적일 것 같다는 이미지를 떠올리시는 것 같아요. 정말 주위에서 많이 물어보시는데 저는 전혀 그렇지 않습니다. 굉장히 활발한 편이에요. 어르신들과 수다 떨기도 좋아하고, 평소에 장난치는 걸 좋아하는 활발한 에너지를 가지고 있답니다. 한복의 단아하고 우아한 이미지로 인해 그런 오해를 하시는 것 같아요.

**Question** 한복 디자이너로서 한복에 대한 비전을 듣고 싶습니다.

예전엔 설이나 추석 등 명절 때마다 한복을 많이 입었잖아요. 그리고 결혼식 날 신부, 신랑뿐만 아니라 양가 어머님들과 심지어 친척들까지도 입었죠. 그런데 요즘은 한복을 입는 분들이 옛날처럼 많지 않아요. 하지만 한복은 우리나라 전통 옷이기에, 유행이 돌면서 또다시 필수 의복이 되는 날이 올 거로 믿어요. 꾸준히 한복을 사랑하고 디자인하다 보면 분명 마니아층들이 많이 생길 것 같아요.

**Question** 한복 디자이너로서 인생의 좌우명 같은 것이 있을까요?

'항상 감사하며 살자'라는 마음을 놓지 않으려고 노력합니다. 그리고 '항상 초심을 잊지 않기'를 위해 힘쓰고 있고요. 고객이 저에게 오시기까지 얼마나 많은 생각과 고민을 하셨겠어요. 그분들이 실망하지 않도록 최선을 다해야 한다고 생각해요. 진심으로 다가서면 그 진심을 아시고 정성스럽게 애정을 담아 후기를 올려주시는 분들도 계시죠. 또 그 후기들을 블로그나 카페에서 보시고 찾아오신답니다.

**Question** 청소년들에게 추천해주실 영화나 도서는 어떤 것이 있을까요?

저의 멘토이신 故 이영희 한복 디자이너 선생님의 책이에요. '옷으로 지은 이야기'와 '파리로 간 한복장이'를 추천합니다. 그 책 속에는 선생님께서 실제로 경험하신 이야기들이 많이 있거든요. 책을 읽으면서 한복의 관심도 한층 높아질 거예요.

**Question** 스트레스 관리 방법을 알고 싶어요.

여가에 그림을 그리거나 다양한 미술 활동을 통해 스트레스를 풀어요. 그리고 운동을 좋아해서 러닝과 라이딩을 주로 합니다.

**Question** 디자이너님에게 한복이란?

한복은 제 인생이라 말하고 싶습니다. 엄마 뱃속에서부터 항상 한복과 함께했었거든요. 이제는 제가 누군가에게 특별한 옷을 지어드릴 수 있도록 사는 날까지 꾸준히 공부하고 최선을 다하고 싶습니다.

**Question** 한복 디자이너를 원하는 학생들에게 조언 한 말씀..

진정으로 한복 디자인에 관심이 있다면 항상 꿈을 잊지 마세요. 마음속으로 간절히 원한다면 언젠가는 우리나라를 대표하는 한복 디자이너가 되실 수 있으리라 믿어요. 항상 배우는 자세로 경험을 많이 쌓기를 추천합니다. 한복 디자이너로서 저도 여러분의 꿈을 항상 응원하겠습니다.

'자연스리' 화보

# 패션디자이너에게
# 청소년들이 묻다

청소년들이 패션디자이너에게
직접 물어보는 9가지 질문

대학 입시 준비가 늦은 감이 있는데 힘들진 않으셨나요?

　오후 수업 시간에 선수로서 훈련하는 경우가 종종 있거든요. 선생님들은 제가 고2, 고3 시절에도 야간 자율학습에 참여하지 않아서 당연히 체대를 준비하는 거로 생각하신 거 같아요. 사실 저는 그 시간에 화실에서 미대 입시를 준비하고 있었죠. 나중에 제가 체대가 아닌 미대에 진학해서 선생님들이 굉장히 의아해하시며 놀라셨던 기억이 나네요. 고등학교는 일반 인문계였고, 디자인은 예체능 계열에 속했기에 제 상황에서는 크게 중요하지 않았죠. 대학을 제가 원하는 전공이면서 현재 제 직업과 관련 있는 패션디자인과를 선택했는데, 이때부터 제 꿈과 저 자신에 대해 더 잘 알게 된 건 확실해요.

패션디자이너가 되기 위한 과정과 진로 방향은
어떻게 되나요?

　패션디자인학과를 전공하면 디자이너로서 배워야 할 것들을 전반적으로 배울 수 있어요. 하지만 전공하지 않더라도 학원을 통해 배울 수도 있고요. 패션디자이너의 길은 두 가지가 있어요. 패션 회사에 취직해서 패션디자이너로 활동을 하는 것과 자신만의 개인 브랜드 운영을 통해 패션디자이너가 되는 방법이죠. 정답은 없어요. 만약 자신만의 브랜드를 가지고 싶다면 먼저 회사에 취직해서 어느 정도 실무를 익혀야 해요. 많은 경험이 많은 도움이 될 거예요.

교복 디자이너가 되기 위해 준비하면 도움이 될 만한
Tip은 어떤 게 있을까요?

　우리 회사는 국내 패션업체에서 대부분 사용하는 디자인 CAD 프로그램인 'TexPro'이나 'Textile'을 주로 사용하고 있어요. 아무래도 이러한 프로그램을 사용할 줄 알면 유리할 것 같네요. 'Weave'를 활용해서 체크 패턴을 개발하기도 하고, 'Knit'를 활용해서 니트 디자인 작업을 하기 때문이죠. 이 외에도 학교 마크 디자인을 개발하거나 자료 만들 때 필요한 Illustrator, Photoshop 프로그램도 활용할 줄 알면 유리해요. 이외에도 표준관리 DATA 이력을 분석해서 학생들의 선호 스타일을 분석할 수 있게 하는 Excel, 분석해서 만든 자료를 효과적으로 전달하기 위해 PowerPoint도 다룰 줄 알면 도움이 많이 된답니다.

한복 디자이너가 되기 위해서 무엇을 준비해야 할까요?

　한복 디자이너가 되기 위해서는 일단 우리나라의 전통의상을 많이 알아야 해요. 또 색감 공부라든지 깃, 동정, 소매, 수 등 디테일한 전통의상의 디자인을 공부하세요. 인터넷으로 검색해보면 한복 디자인에 관한 다양한 정보가 떠요. 한복 디자이너마다 장단점이 다양하니 참고하면서 공부하시면 됩니다. 사실 예전보다 신부, 신랑이 결혼식 때 한복을 잘 안 입어요. 하지만 우리나라의 의상이다 보니 없어지진 않아요. 더군다나 요즘 생활 한복도 뜨고 있으니 한복을 사랑하신다면 인내를 가지고 꾸준히 도전해 보세요. 아마도 우리나라를 대표하는 한복 디자이너가 되어 있지 않을까요?

웨딩드레스 디자이너 학과가 별도로 있나요?

한국 대학교에서는 '웨딩드레스학과'라는 학과가 따로 없어요. 그래서 어렸을 때 저도 웨딩드레스 디자이너가 되기 위해서 어떻게 준비해야 하는지 굉장히 막막했었답니다. 웨딩드레스는 의상의 한 분야이기에 의상디자인학과 진학을 목표로 실기 미술을 시작했고, 웨딩드레스의 기본기인 의상을 공부하며 기본기를 쌓아나갔어요. 웨딩드레스 디자이너가 되기 위해서는 '의상'의 기본기를 먼저 쌓으셔야 해요. 나중에 시간이 흘러 의상디자인 안에 '웨딩드레스학과'가 세분화하고 특화되어서 생긴다면 '웨딩드레스 디자이너'라는 직업 목표가 명확히 생겨서 참 좋을 것 같네요.

'디자이너'로 입문하면 어떤 걸 경험하고
어떻게 성장하나요?

원단 시장에 나가보면 초점 없는 눈빛으로 원단 스와치를 담고 있는 막내 디자이너들의 모습을 자주 봐요. "이번 신상 컬러는 '옐로우'야, 시장 가서 셀렉해 와"라는 지시를 받고 무작정 시장에 나와 눈에 보이는 노란색 원단 스와치는 닥치는 대로 담고 있는 거겠죠. 막내 디자이너로 시장과 공장을 오가며 온갖 심부름을 하면서 1~2년 후 자신이 직접 만들 기회가 온답니다. 이러한 시간이 없이 무작정 대표디자이너가 된다면 현장에서 배울 수 있는 많은 것을 놓치게 되죠. 이 모든 게 자기의 자산이 되어 앞날을 탄탄하게 해줄 거예요.

## 디자이너가 되고 나서 새롭게 알게 되신 점은?

제가 일해온 대부분 회사는 패션쇼를 하여 새롭게 보이는 창조적 디자인이나 예술적인 옷보다는 상업적인 의류를 만들었어요. 시즌마다 새로운 걸 보여주는 게 중요하겠지만, 실제로 많은 사람이 필요로 하는 대중적인 옷의 비율이 더 높게 차지한다는 의미지요. 제 경우에도 5년 차까지는 새롭고 트렌디한 것에 더 집중하고 싶었던 것 같아요. 하지만 그 후 예쁘고 트렌디한 것만이 디자인이 아니라는 생각을 하게 됐죠. 대중 선호에 대한 중요성을 깨달은 후, 디자인에 임하는 생각도 많이 바뀌게 된 것 같아요.

## 살아가면서 도움을 주셨던 멘토가 있으셨나요?

24살부터 호주, 미국, 유럽 등 여러 나라를 돌아다니며 세상을 경험했어요. 때로는 워킹홀리데이라는 비자로 1년간 일하면서 그 나라의 문화를 직접 몸으로 체험했어요. 호주에 있었을 때 제 인생의 멘토를 만나게 되었죠. 시드니 한복판에서 울려 퍼지는 아름다운 플루트 연주 소리에 이끌려 홀리듯 찾아가서 만난 분이 Andre 할아버지였어요. 한참을 떠나지 않는 동양 여자의 모습을 눈치채셨던지 다음에 흘러나온 연주가 바로 '아리랑'이었어요. 그 구슬픈 플루트 연주에 얼마나 많은 눈물이 흘리며 큰 위로를 얻었는지 몰라요. 그날부터 저와 안드레 할아버지의 인연이 시작되었답니다. 안드레 할아버지가 저에게 해주셨던 말이에요. "네 인생의 주인은 너다. 네가 원하는 삶을 살고, 무엇을 하든지 눈치 보지 말고 명령 없이 스스로 행동해라" 그 말씀이 저에겐 큰 뿌리가 되었고 자극이 되어 지금 제가 원하는 일을 하며 살 수 있게 된 것 같아요.

## 교복 디자인에도 유행을 반영할 수 있나요?

　몇 해 전까지만 해도 교복 실루엣(옷의 윤곽)을 주로 디자인했어요. 교복은 학교마다 지정된 고유 디자인이 있지만, 매년 교복 폭, 길이 등을 바꿔주며 지역마다 학생들의 선호도를 사전에 조사해서 반영했어요. 여학생은 치마 길이 2~3cm에, 남학생들은 바짓부리가 1/2인치 차이에도 브랜드 선호도가 달라지고, 판매실적에 곧바로 영향을 주게 되죠. 이와 더불어 10대 친구들이 무엇을 좋아하는지, 무엇을 필요로 하는지에 관심을 두고 다양한 기능들을 교복에 반영했어요. 재킷에 틴트 주머니, 바지에는 슬라이딩 매직 밴드(허리 조절기), 생활 티에는 윙윙 패드(겨드랑이 땀받이) 등이 이에 속해요.

　하지만 현재는 주관구매라는 정책과 장시간 착장 상태로 학교생활을 하는 학생들을 위한 편안한 교복이라는 이슈가 생기면서 업무에 큰 변화가 생겼어요. 학생들의 착용 실루엣 선호도를 반영하면서도 고유 디자인을 얼마나 잘 재현해줄 수 있을까 고민하며 작업 지시서를 만들어 생산 의뢰하던 때와 달리 어떻게 하면 합리적 가격에 품질 좋고 생산성을 높이는 교복을 만들지를 많이 고민하면서 개발한답니다.

CHAPTER

| 3 |

# 예비
# 패션디자이너
# 아카데미

# 패션디자이너 관련 학과

## 패션디자인학과

### 학과개요

현대 사회에서 패션은 사람들이 자신의 이미지와 개성을 드러내는 하나의 표현방법으로 자리잡고 있습니다. 패션디자인학과는 옷과 장신구에 관한 디자인을 연구하는 학문입니다. 패션디자인학과에서는 창조적인 예술 감각과 현장감 있는 전문 지식 및 기술을 지닌 적극적이고 미래지향적인 패션 전문가를 양성합니다.

### 학과특성

'패션디자인과'라고 하면, 일반 사람들은 흔히 옷을 만드는 학과라고들 생각합니다. 하지만 패션디자인에는 옷을 디자인하는 분야만 있는 것이 아니라, 새로운 직물을 고안하는 직물 디자인과 액세서리 디자인, 가방 디자인, 신발 디자인, 그리고 제품 디자인 등이 포함됩니다. 모자 디자이너로 유명한 필립 트레이시(Philip Treacy)가 좋은 예입니다. 유명한 디자이너들 대부분이 남성인 만큼 패션 디자인 분야에는 남녀구분이 없고, 패션을 중시하는 시대적인 흐름에 맞추어 패션디자인학과의 인기는 지속될 전망입니다.

### 개설대학

| 지역 | 대학명 | 학과명 |
|---|---|---|
| 서울특별시 | 경희대학교(본교-서울캠퍼스) | 의류디자인학과 |
| | 덕성여자대학교 | 의상디자인전공 |
| | 디지털서울문화예술대학교 | 패션디자인비즈니스학과 |
| | 서경대학교 | 무대패션전공 |
| | 서울디지털대학교 | 문화예술학부 (패션학과) |
| | 이화여자대학교 | 패션디자인전공 (섬유·패션학부) |
| | 한성대학교 | 글로벌패션산업학부 |
| 부산광역시 | 동서대학교 | 패션디자인학전공 |
| | 동아대학교(승학캠퍼스) | 건축·디자인·패션대학 패션디자인학과 |

| 지역 | 대학명 | 학과명 |
|---|---|---|
| 부산광역시 | 신라대학교 | 디자인·아트학부 |
| | 신라대학교 | 패션디자인산업학과 |
| | 신라대학교 | 패션디자인산업전공 |
| | 신라대학교 | 패션소재디자인전공 |
| | 신라대학교 | 산업·패션디자인학부 |
| | 영산대학교(해운대캠퍼스) | 글로벌패션연출전공 |
| | 영산대학교(해운대캠퍼스) | 글로벌패션디자인연출전공 |
| 인천광역시 | 가천대학교(메디컬캠퍼스) | 미술·디자인학부 (패션디자인) |
| | 인하대학교 | 의류디자인학과 |
| 대전광역시 | 대전대학교 | 패션디자인·비즈니스학과 |
| | 목원대학교 | 섬유·패션코디네이션학과 |
| 대구광역시 | 경북대학교 | 섬유패션디자인학부 (섬유공학전공) |
| | 경북대학교 | 섬유패션디자인학부 (패션디자인전공) |
| 광주광역시 | 조선대학교 | 라이프스타일디자인학부<br>(섬유·패션디자인전공) |
| | 조선대학교 | 디자인학부 (섬유·패션디자인) |
| 경기도 | 단국대학교(죽전캠퍼스) | 패션산업디자인과 |
| | 단국대학교(죽전캠퍼스) | 디자인학부 (패션산업디자인전공) |
| | 수원대학교 | 패션디자인 |
| | 수원대학교 | 패션 |
| | 중앙대학교 안성캠퍼스(안성캠퍼스) | 디자인학부(패션전공) |
| | 중앙대학교 안성캠퍼스(안성캠퍼스) | 디자인학부(패션디자인전공) |
| | 평택대학교 | 패션디자인및브랜딩학과 |
| | 한세대학교 | 섬유패션디자인전공 |
| | 한양대학교(ERICA캠퍼스) | 주얼리 · 패션디자인학과 |
| 충청북도 | 건국대학교(GLOCAL 캠퍼스) | 패션디자인학부 |
| | 청주대학교 | 아트앤패션전공 |
| | 충북대학교 | 패션디자인정보학과 |
| 충청남도 | 건양대학교 | 공연의상학과 |
| | 건양대학교 | 패션디자인산업학과 |
| | 상명대학교(천안캠퍼스) | 의상디자인전공 |
| | 상명대학교(천안캠퍼스) | 무대의상 · 분장전공 (예체능) |

| 지역 | 대학명 | 학과명 |
|---|---|---|
| 충청남도 | 중부대학교 | 뷰티·패션비즈니스학전공 |
| | 청운대학교 | 패션디자인섬유공학과 |
| | 청운대학교 | 디자인학부 (패션디자인전공) |
| | 청운대학교 | 패션뷰티디자인학과 |
| 전라북도 | 예원예술대학교(임실캠퍼스) | 뷰티패션디자인전공 |
| | 예원예술대학교(임실캠퍼스) | 뷰티패션디자인학과 |
| | 우석대학교 | 패션스타일링학과 |
| | 원광대학교 | 패션디자인산업학과 |
| | 원광디지털대학교 | 한국복식과학학과 |
| | 전주대학교 | 섬유패션주얼리디자인전공 |
| | 호원대학교 | 패션스타일리스트학과 |
| | 호원대학교 | 공연예술패션학과 |
| 경상북도 | 경일대학교 | 패션스타일리스트학과 |
| | 경일대학교 | K-뷰티융합학부 패션디자인전공 |
| | 경주대학교 | 패션·문화디자인전공 |
| | 경주대학교 | 뷰티·패션디자인학과 |
| | 대구예술대학교 | 패션코스메틱디자인전공 |
| | 대구예술대학교 | K-패션디자인전공 |
| | 동양대학교 | 패션스타일리스트학과 |
| | 동양대학교 | 패션경영학과 |

## 패션디자인과

### 학과개요

패션에 관심이 있는 사람이라면, 혹은 그렇지 않더라도 어떤 특별한 장소에 가야하는 경우에 그날의 의상을 어떻게 입을지 고민한 적이 있을 것입니다. 현대사회에서 패션은 사람들이 자신의 이미지와 개성을 드러내는 하나의 표현 방법으로 자리 잡고 있습니다. 패션디자인과는 옷과 장신구에 관한 디자인을 연구하는 학문입니다. 또 창조적인 예술 감각과 현장감 있는 전문 지식 및 기술을 지닌 적극적이고 미래지향적인 패션 전문가를 양성합니다.

## 학과특성

사람들은 흔히 패션디자인과란 단순히 옷을 만드는 방법을 배우는 거로 생각하는데, 패션 디자인에는 옷을 디자인하는 분야뿐만 아니라 새로운 직물을 고안하는 직물 디자인과 액세서리 디자인, 가방 디자인, 신발 디자인, 그리고 제품 디자인을 포함합니다. 패션을 중시하는 시대적인 흐름에 맞추어 패션디자인학과의 인기는 지속될 전망입니다.

## 개설대학

| 지역 | 대학명 | 학과명 |
|---|---|---|
| 서울특별시 | 명지전문대학 | 패션리빙디자인과 |
| | 명지전문대학 | 뷰티패션융합과 |
| | 명지전문대학 | 패션리빙디자인학과 |
| | 숭의여자대학교 | 패션디자인전공 |
| | 숭의여자대학교 | 패션디자인과 |
| | 숭의여자대학교 | 텍스타일 & 메탈디자인전공 |
| | 인덕대학교 | 도시디자인학과 |
| | 정화예술대학교(남산캠퍼스) | 뷰티·패션스타일리스트전공 |
| | 정화예술대학교(명동캠퍼스) | 뷰티·패션스타일리스트전공 |
| | 한국폴리텍대학 (서울강서캠퍼스) | 패션메이킹과 |
| | 한국폴리텍대학 (서울강서캠퍼스) | 패션디자인과(2년제) |
| | 한국폴리텍대학 (서울강서캠퍼스) | i-패션디자인과 |
| | 한양여자대학교 | 섬유패션디자인학과 |
| | 한양여자대학교 | 니트패션디자인학과 |
| | 한양여자대학교 | 의상디자인과 |
| | 한양여자대학교 | 섬유패션디자인과 |
| | 한양여자대학교 | 니트패션디자인과(3년제) |
| | 한양여자대학교 | 패션디자인과 |
| | 한양여자대학교 | 패션디자인학과 |
| | 한양여자대학교 | 의상디자인학과 |
| 부산광역시 | 동주대학교 | 패션디자인과 |
| | 부산경상대학교 | 패션·뷰티계열 |
| | 영산대학교(해운대캠퍼스) | 패션섬유디자인계열 |
| | 영산대학교(해운대캠퍼스) | 한국의상디자인전공 |

| 지역 | 대학명 | 학과명 |
| --- | --- | --- |
| 인천광역시 | 경인여자대학교 | 패션.문화디자인과 |
| | 경인여자대학교 | 패션디자인과 |
| | 경인여자대학교 | 패션·문화디자인과(자연과학계열) |
| | 인하공업전문대학 | 패션디자인과 |
| 대전광역시 | 대덕대학교 | 패션디자인과 |
| | 대덕대학교 | 예술학부 뷰티·패션디자인전공 |
| | 대덕대학교 | 패션리빙디자인과 |
| | 대전과학기술대학교 | 패션·슈즈디자인과 |
| | 대전과학기술대학교 | 신발·네일디자인전공 |
| | 대전과학기술대학교 | 슈즈디자인전공 |
| 대구광역시 | 계명문화대학교 | 패션마케팅전공 |
| | 계명문화대학교 | 패션디자인전공 |
| | 계명문화대학교 | 패션테크니컬디자인전공 |
| | 영남이공대학교 | 패션코디디자인과 |
| | 영남이공대학교 | 패션디자인마케팅과 |
| | 한국폴리텍대학 영남융합기술캠퍼스 (섬유패션캠퍼스) | 니트디자인과 |
| | 한국폴리텍대학 영남융합기술캠퍼스 (섬유패션캠퍼스) | 패브릭디자인과 |
| | 한국폴리텍대학 영남융합기술캠퍼스 (섬유패션캠퍼스) | 패션디자인과 |
| | 한국폴리텍대학 영남융합기술캠퍼스 (섬유패션캠퍼스) | 패션메이킹과 |
| | 한국폴리텍대학 영남융합기술캠퍼스 (섬유패션캠퍼스) | 스마트패션디자인과 |
| 경기도 | 강동대학교 | 패션·주얼리디자인과 |
| | 강동대학교 | 라이프스타일과 |
| | 강동대학교 | 패션생활디자인과 |
| | 강동대학교 | 패션디자인과 |
| | 국제대학교 | 패션디자인계열 |
| | 국제대학교 | 패션디자인과 |
| | 국제대학교 | e-패션학과 |
| | 동서울대학교 | 패션디자인과 |
| | 동서울대학교 | 패션디자인과(예체능) |
| | 동서울대학교 | 패션디자인학과 |

| 지역 | 대학명 | 학과명 |
| --- | --- | --- |
| 경기도 | 수원여자대학교 | 패션브랜드매니저과 |
| | 수원여자대학교 | 패션디자인과 |
| | 수원여자대학교 | 패션디자인과(2년제) |
| | 신구대학교 | 섬유의상코디과 |
| | 신구대학교 | 패션디자인과 |
| | 신구대학교 | 패션디자인학과 |
| | 신구대학교 | 패션디자인전공 |
| | 신구대학교 | 패션디자인과(3년제) |
| | 여주대학교 | 패션디자인과(3년제) |
| | 여주대학교 | 패션디자인과 |
| | 오산대학교 | 패션디자인비즈니스전공 |
| | 오산대학교 | 패션디자인전공 |
| | 유한대학교 | 패션디자인과 |
| | 유한대학교 | 패션디자인과(3년제) |
| | 유한대학교 | i-패션디자인학과 |
| | 유한대학교 | i-패션디자인과 |
| | 장안대학교 | 패션디자인과 |
| | 청강문화산업대학교 | 패션스쿨 |
| | 청강문화산업대학교 | 패션메이커스스타일리스트전공 |
| | 청강문화산업대학교 | 패션디자인전공 |
| | 청강문화산업대학교 | 패션메이커스전공 |
| | 청강문화산업대학교 | 패션메이커스비즈니스학과 |
| 충청북도 | 충청대학교 | 디자인학부 패션디자인전공 |
| | 충청대학교 | 패션디자인과 |
| 충청남도 | 충남도립대학교 | 인테리어패션디자인과 |
| 전라북도 | 군장대학교 | 패션·주얼리디자인과 |
| | 호원대학교 | 패션.미용학부 |
| 전라남도 | 전남도립대학교 | 한국의상과 |
| 경상북도 | 선린대학교 | 패션디자인계열 |
| 경상남도 | 창원문성대학교 | 웨딩뷰티패션과 |

# 섬유디자인과

## 학과개요

섬유디자인은 인간 생활에서 필수적인 재료인 직물에 일정한 변화를 가하여 용도에 적합한 직물로 전환하는 과정입니다. 섬유디자인과는 패션 산업이 다변화됨에 따라 섬유제품의 디자인 개발에 중점을 두어 섬유디자인, 기획, 생산, 유통 분야 등에서 섬유산업 분야를 담당할 수 있는 전문 기술인을 양성하는 것에 교육목표를 두고 있습니다.

## 학과특성

섬유디자인과는 섬유제품의 발전에 있어 꼭 필요한 분야입니다. 일상생활에서의 옷뿐만 아니라 직업 현장에서 더욱 실용성 있고 편리한 옷, 스마트 의류 등을 구현하기 위한 섬유 연구가 계속되고 있고, 이에 따라 그에 걸맞은 디자인(형상, 재질, 색상 등) 영역의 전망 또한 지속될 것으로 예상됩니다.

## 개설대학

| 지역 | 대학명 | 학과명 |
|---|---|---|
| 서울특별시 | 명지전문대학 | 패션텍스타일세라믹과 |
| 대구광역시 | 한국폴리텍대학 영남융합기술캠퍼스 (섬유패션캠퍼스) | 하이테크소재과 |
| | 한국폴리텍대학 영남융합기술캠퍼스 (섬유패션캠퍼스) | 패션소재과 |
| | 한국폴리텍대학 영남융합기술캠퍼스 (섬유패션캠퍼스) | 스마트패션소재과 |
| 경기도 | 강동대학교 | 주얼리텍스타일디자인과 |
| | 강동대학교 | 텍스타일코디과 |
| | 강동대학교 | 섬유스타일리스트과 |
| | 부천대학교 | 섬유패션비즈니스학과 |
| | 부천대학교 | 섬유패션비즈니스과 |

# 의상 · 의류학과

## 학과개요

옷은 자신을 적극적으로 표현하는 도구입니다. 사 람들이 가진 매력을 패션으로 펼쳐 주는 공부를 할 수 있는 곳이 의류학과입니다. 의류 · 의상학과에서는 우리 몸에 어울리고 아름다운 옷을 디자인하고 만들 수 있는 능력을 기르고, 패션 산업에 필요한 지식과 기술을 학습할 수 있습니다.

## 학과특성

현대사회에서는 많은 사람들이 옷을 통하여 나만의 개성을 나타내려고 하기 때문에 패션은 학문을 넘어 일상 속에서도 항상 많은 사람들에게 관심을 받는 분야입니다.

## 개설대학

| 지역 | 대학명 | 학과명 |
|---|---|---|
| 서울특별시 | 가톨릭대학교 (성의교정) | 의류학전공 |
| | 가톨릭대학교 (성의교정) | 의류학과 |
| | 경희대학교 (서울캠퍼스) | 의상학과 |
| | 상명대학교 (서울캠퍼스) | 외식의류학부 의류학전공 |
| | 상명대학교 (서울캠퍼스) | 의류학과 |
| | 상명대학교 (서울캠퍼스) | 텍스타일아트전공 |
| | 상명대학교 (서울캠퍼스) | 외식영양·의류학부 의류학과 |
| | 서울대학교 | 의류학과 |
| | 서울디지털대학교 | 패션학과 |
| | 서울여자대학교 | 패션산업학과 |
| | 서울여자대학교 | 의류학과 |
| | 성균관대학교 | 의상학전공 |
| | 성균관대학교 | 의상학과 |
| | 성신여자대학교 | 의류산업학과 |
| | 성신여자대학교 | 의류학과 |
| | 숙명여자대학교 | 의류학과 |
| | 연세대학교 (신촌캠퍼스) | 의류환경학과 |

| 지역 | 대학명 | 학과명 |
|---|---|---|
| 서울특별시 | 이화여자대학교 | 의류학전공 |
| | 이화여자대학교 | 의류직물학전공 |
| | 이화여자대학교 | 의류학과 |
| | 이화여자대학교 | 의류산업학과 |
| | 한국방송통신대학교 | 생활과학과 의류패션학전공 |
| | 한성대학교 | 의류직물학과 |
| | 한성대학교 | 패션학부 |
| | 한성대학교 | 의류패션산업전공 |
| | 한성대학교 | 의생활학부 |
| | 한양대학교 (서울캠퍼스) | 의류학과 |
| 부산광역시 | 경성대학교 | 의상학과 |
| | 부산대학교 | 의류학과 |
| | 신라대학교 | 패션산업학부 |
| 인천광역시 | 가천대학교 (메디컬캠퍼스) | 의상학과 |
| | 인천대학교 | 패션산업학과 |
| 대전광역시 | 배재대학교 | 의류패션학과 |
| | 충남대학교 | 의류학과 |
| | 한남대학교 | 의류학과 |
| | 한남대학교 | 의류학전공 |
| 대구광역시 | 경북대학교 | 의류학과 |
| | 계명대학교 | 패션마케팅학과 |
| | 계명대학교 | 패션마케팅학전공 |
| 울산광역시 | 울산대학교 | 의류학전공 |
| 광주광역시 | 전남대학교 (광주캠퍼스) | 의류학과 |
| 경기도 | 수원대학교 | 의류학과 |
| | 수원대학교 | 의류학 |
| | 중앙대학교 (안성캠퍼스) | 의류학과 |
| | 한경대학교 | 의류산업학전공 |
| | 한경대학교 | 의류산업학과 |
| 충청북도 | 서원대학교 | 패션의류학과 |
| | 충북대학교 | 의류학과 |

| 지역 | 대학명 | 학과명 |
| --- | --- | --- |
| 충청남도 | 공주대학교 | 의류상품학과 |
| | 중부대학교 | 토탈패션산업학과 |
| | 청운대학교 | 패션전공 |
| | 호서대학교 | 패션전공 |
| 전라북도 | 군산대학교 | 의류학과 |
| | 전북대학교 | 생활과학부(의류학전공) |
| | 전북대학교 | 의류학과 |
| | 전주대학교 | 패션산업전공 |
| | 전주대학교 | 패션산업학과 |
| 전라남도 | 목포대학교 | 의류학과 |
| | 목포대학교 | 패션의류학과 |
| 경상북도 | 안동대학교 | 의류학과 |
| | 영남대학교 | 의류패션학과 |
| | 영남대학교 | 의류패션전공 |
| | 영남대학교 | 섬유패션학부(의류패션) |
| 경상남도 | 경남대학교 | 의류산업학과 |
| | 경상국립대학교 | 의류학과 |
| | 창원대학교 | 의류학과 |
| 제주특별자치도 | 제주대학교 | 패션의류학과 |
| | 제주대학교 | 의류학과 |

## 기타 관련 학과

공예과 , 공예학과 , 산업디자인과 , 산업디자인학과 , 섬유공학과 , 시각디자인과 , 시각디자인학과 , 코디네이션과

출처: 커리어넷

# 패션디자인 관련 학문

◆ **스케치 기법 (Sketch)**

사물을 바라보는 관찰력과 본 것을 이해하고 생각한 것에 대한 기억력을 통해 목적한 아이디어를 표현하는 방법의 능력을 키운다. 또한 인체의 비례연구와 세부 묘사의 기본 표현을 통해 패션 디자이너로서 표현해야 하는 기초 스케치를 훈련한다.

◆ **패션 인트로덕션 (Fashion Introduction)**

패션디자인학과의 가장 선행적인 학습으로 패션디자인의 분야, 패션디자인의 특성, 패션디자인의 역사성, 패션디자인의 기본 발상법, 패션디자인의 이미지를 이해하여 패션디자인의 기초지식을 습득하고자 한다.

◆ **조형 (Fundamental Design)**

조형에 있어서 평면 조형 및 입체 조형 구성력의 습득을 통한 평면과 입체물의 조형감각 함양과 실습을 통한 조형 디자인 능력을 키운다.

◆ **색채학 (Chromatology)**

색채의 심리적, 과학적, 감각적인 속성에 관한 폭넓은 이해를 바탕으로 실전 디자인에 효율적이고 창의적인 색채계획 능력을 함양시키도록 한다.

◆ **기초패션 디자인 (Basic Fashion Design)**

패션디자인을 발상할 수 있는 능력을 기르기 위한 기초학습으로 패션의 표현 가능한 이미지를 2차원과 3차원적인 표현방식과 다양한 재료를 이용한 표현방식으로, 여러 형태의 이미지 연습을 반복하여 이를 새로운 디자인 발상에 적용할 수 있는 능력을 배양하는 기초과정이다.

◆ 패션 일러스트 (Fashion Illustration)

　기초적인 표현기법에서 학습한 표현능력을 패션화로 표현할 수 있는 전문능력으로 이끌어 가는 인체의 비례연구 및 세부묘사, 착장화 등의 표현 연습과 패션 소재 특성을 묘사하는 표현능력에 이르기까지 아이디어를 시각화시키는 능력을 기르는 과정이다.


◆ 패션소재 연구 (Fashion Materials)

　디자인의 패션 감각을 통해 도입될 수 있는 패션 소재의 색채, 질감, 형태 등을 창의적으로 표현하여 패션창작 활동에 응용하도록 한다.


◆ 어패럴 메이킹 (Apparel Making)

　인체와 의복의 기본이 되는 패턴의 특성을 이해하고 다양한 의상 아이템에 따른 패턴 활용법을 학습한다. 이를 통해 다양한 어패럴(의상)의 아이디어를 패턴화시키고 실물 제작할 수 있는 능력을 함양한다.


◆ 무대의상 기획 (Stage Costume Design)

　무대의상의 기본적인 이론을 이해하도록 하며 무대의상의 종류에 따른 의상디자인 및 제작을 습득하고, 나아가 실제 작품을 중심으로 한 무대의상 실습을 하여 의상디자인의 특수한 부분에 관하여 교육한다.


◆ 텍스타일 디자인 (Textile Design)

　본 과목은 패션디자인을 위한 예술적 섬유 원단 디자인의 개발을 목표로 한다. 직물(텍스타일)의 제작과 표현 가능성에 대한 기본적 조형 원리와 실물 제작기법의 이해를 토대로 작품을 전개한다. 평면의 직물이 의상이라는 입체 공간으로 변화되는 과정에서 시각적 효과를 극대화할 텍스타일 디자인을 전개한다.

### ◆ 디자인 제도 (Design Draft)

상품디자인 개발을 위한 디자인의 요소로 필요한 기본원형(패턴)의 특성을 기초로 디자인원형제도 (Pattern Draft Making)법을 학습하고 산업 생산에 필요한 패턴 응용과 마킹, CAD를 활용한다.

### ◆ 패션역사 리서치 (Fashion History Research)

서양과 동양의 패션의 구조적·심미적·역사적 특징 등을 고찰하고 현대 패션디자인에 접목할 수 있는 기초와 세계인의 의상을 분석하여 미래의상 디자인을 예측할 수 있도록 하는 기초지식을 습득한다.

### ◆ 창작의상 디자인 (Advanced Fashion Design)

기초패션디자인에서 익힌 이미지와 디자인 발상을 기초로 하여 창의적인 발상에 의한 독특한 의상 디자인을 한껏 표현해 보는 과정으로, 창작 의상디자인의 이론과 실기를 통해 형태, 재료 및 표현기법 등을 연구하게 된다.

### ◆ 드레이핑 (Draping)

의상 구성 방법의 하나이며 입체의 인체 위에 직접 소재를 적용하는 재단법이다. 디자인아이디어를 인대를 사용하여 소재를 재단하여 다시 평면화시키고 이를 수정하여 다시 삼차원화시키는 방법으로 평면재단과 함께 인체에 적합성이 우수한 의상 제작을 할 수 있는 능력을 기른다.

### ◆ 패션마켓 리서치 (Fashion Market Research)

패션 상품 소비자의 행동 분석, 패션 상품의 유통경로, 패션 상품의 시장에 대한 분석 능력을 배양하고 마케팅 전략을 연구하여 실무적인 디자인 콘셉트를 추진할 수 있는 능력을 함양한다.

◆ 아트패브릭 앤 액세서리 (Art Fabric & Accessory)

　본 과목은 패션디자인, 즉 패션의 표현을 위한 섬유 소재, 즉 패브릭의 예술성을 추구하여 다양한 표현 재료, 기법의 활용에 목적이 있으며, 모자, 스카프, 손수건, 브로치, 핸드백, 구두 등 다양한 패션 액세서리의 제작에 관한 디자인과 제작과정을 경험하며 패션아이템의 독창적인 표현역량을 향상한다.

◆ 패션 머천다이징 (Fashion Merchandising(MD)

　패션 마켓의 유통·조직 등을 습득한 후 패션 상품 기획, 패션 매장 관리, 패션 VMD, 패션 리테일링을 포함하는 패션기업 운영 기획 전반의 이론을 습득하여 실무적용 능력을 기른다.

◆ 패션제품 디자인 (Fashion Product Design)

　패션제품 디자인 개발을 위한 2D 패턴 설계 능력을 강화하여 테일러링 제작 실습을 학습한다. 또한 3D 가상 패션제품 디자인 과정을 학습하여 가상 봉제와 가상 시뮬레이션을 통한 디지털 패션제품 산업의 전문성을 습득할 수 있도록 한다.

◆ 컴퓨터 그래픽 (Computer Graphic)

　컴퓨터를 디자인의 도구로써 사용할 수 있는 능력을 배양하기 위해 컴퓨터의 하드웨어와 소프트웨어에 관한 기초적인 개념을 이해하고 패션디자인에 적용되는 다양한 소프트웨어와 패션디자인 전문 소프트웨어를 익힘으로 디자인 표현을 보다 신속하고 효과 있게 하도록 한다.

출처: 동서대학교 패션디자인학과

# 세계적인 패션디자이너

### 크리스챤 디올 (Christian Dior)

크리스티앙 디오르(프랑스어: Christian Dior, 1905년~1957년)는 프랑스의 대표적인 패션디자이너 중 한 명으로 세계적인 브랜드 크리스티앙 디오르 S.A.(Christian Dior S.A.)의 창시자다. 1947년 첫 컬렉션에서 선보인 뉴 룩(New Look)으로 제1급 디자이너로 인정받았다. 이후 매 시즌 튤립 라인, H 라인, A 라인, 애로우 라인 등 새로운 디자인 라인을 선보이며 전 세계 패션계의 주목을 받았다. 또한 상품의 범주를 확대한 글로벌 브랜드 크리스티앙 디오르 S.A. 설립을 통해 전후 패션 산업의 새로운 모델을 제시했다.

크리스티앙 디오르는 1905년 프랑스의 바닷가 마을 노르망디 그랑빌에서 태어났다. 알렉상드르 루이스 모리스 디오르(프랑스어: Alexandre Louis Maurice Dior)의 다섯 자녀 중 둘째로 유복한 실업가의 아들이었다. 건축과 예술에 깊은 흥미를 가지고 있던 그는 1928년 미술관 자크 봉장(Jacques Bonjean)을 열었지만 1930년 세계경제공황으로 집이 파산하고 갤러리 문을 닫을 수밖에 없었다. 그는 지인들에게 패션드로잉과 색칠기법을 배워 생활의 방편으로 모자와 드레스의 크로키를 그려서 팔았다. 1938년에 양장점에서 디자이너로 첫 걸음을 뗀 후 모델리스트로도 활동했다. 1946년 한 섬유회사의 지원을 받아 '메종 크리스티앙 디오르(프랑스어: La Maison Christian Dior)'를 설립한다.

1947년 2월 12일 자신의 첫 컬렉션을 열었고 이때 선보인 디자인이 '뉴 룩'으로 불리면서 세간의 관심을 받아 국제적인 명성을 얻게 되었고 같은 해 패션계의 오스카상이라고 불리는 니먼마커스상(Neiman Marcus Award)을 수상, 세계 각지에 지사를 설립하고 사업을 확장했다.

그는 1957년 스핀들 라인을 발표한 후 이탈리아에서 52세의 젊은 나이로 세상을 떠났다. 크리스티앙 디오르가 사망한 후 메종 크리스티앙 디오르는 여러 명의 수석 디자이너에 의해 유지되었다.

### 코코 샤넬 (Coco Chanel)

가브리엘 보뇌르 "코코" 샤넬(프랑스어: Gabrielle Bonheur "Coco" Chanel, 1883년~1971년 )은 프랑스의 패션디자이너, 사업가이자 샤넬의 설립자이기도 하다. 1883년 프랑스 남서부의 오벨뉴 지방의 소뮈르에서 태어난 샤넬은 12세에 모친이 사망하는 바람에 아버지에게 버려져 보육원과 수도원을 전전하면서 불우한 어린 시절을 보냈다. 샤넬은 가수를 지망하면서 카바레에서 노래를 부르다가 가수의 길을 접고 여성들의 불편한 복장에 대해 생각하게 되었다. 샤넬은 모자 디자인에 영감을 받아 평생 연인으로 지낸 영국의 청년 사업가인 아서 카펠의 도움으로 1910년, 파리의 캉봉거리 21번지에 '샤넬 모드'라는 모자 전문점을 개업했다. 1913년에 드빌에 2호점을 개설한 샤넬은 제1차 세계대전 발발 후인 1915년에 <메종 드 꾸뛰르>를 오픈했다. 1916년 컬렉션을 발표해 대성공을 거둔 샤넬은 새로운 디자인과 소재로 화제가 되었었다. 1921년 본점을 캉봉 31번지로 확장한 샤넬은 조향사 에른스트 보와 함께 샤넬의 첫 향수인 <No.5>, <No. 22>를 발표했다.

1924년 이후 모조 보석을 사용한 쥬얼리와 샤넬 슈트도 발표해 1934년부터 양산하기 시작했다. 1934년에 기업가로 순탄한 성장을 한 샤넬 브랜드는 액세서리 부문의 공장도 개설했다. 이듬해엔 양장 전문점도 개점해 대기업으로 성장했으나 노동자들의 파업으로 사업을 축소하고 15년간 프랑스 패션계를 떠나 있었다.

샤넬은 제2차 세계대전 당시 독일군의 스파이로 활동했다는 사실이 밝혀지면서 1944년 프랑스가 해방되자 수년간 스위스의 로잔에서 망명 생활을 했다. 1954년 파리로 돌아온 샤넬은 패션계로의 복귀를 꾀했지만 그녀가 독일 스파이였다는 사실이 발목을 잡았다. 하지만 미국에서는 여성들의 사회진출과 맞물려 그녀의 패션은 인기를 끌었다. 1955년 샤넬은 울 소재의 새로운 샤넬 슈트를 발표했는데 미국에선 <과거 50여 년간 큰 영향력을 가진 패션디자이너>라 하여 모드 오스카상을 수여하기도 했다. 1971년, 샤넬은 파리의 릿츠 호텔에서 컬렉션을 준비하다가 88세로 사망했다. 그녀의 유해는 프랑스를 배신한 행위로 프랑스에 묻히지 못하고 망명 생활을 했던 스위스의 로잔에 매장되었다.

## 도나텔라 베르사체 (Donatella Versace)

도나텔라는 세계적인 명품브랜드인 베르사체의 설립자 이탈리아 잔니 베르사체의 여동생으로, 4남매 중 막내로 태어났다. 1970년대에는 피렌체에서 문학을 공부했으며, 본래 베르사체의 PR(마케팅) 부서에서 일할 계획이었지만, 잔니 베르사체의 권유로 패션계에 입문하게 됐다. 잔니 베르사체는 생전에 도나텔라에게 헌정하는 향수 라인과 그녀만의 패션 레이블인 베르수스(Versus)를 만들어줄 정도로 그녀를 아꼈다고 한다.

1997년 잔니 베르사체가 갑작스럽게 사망한 후부터 현재까지 그를 대신해 베르사체를 맡아오고 있다. 2017년 9월 베르사체 쇼에서는 자신의 오빠를 기억하기 위한 헌정 컬렉션을 선보이기도 했다. 도나텔라는 현재까지 제니퍼 로페즈, 마돈나, 니키 미나즈, 크리스티나 아길레라, 레이디 가가, 비욘세 등 수많은 스타와 협업했다. 특히 제니퍼 로페즈가 2000년 42회 그래미 어워드에서 착용한 그린 베르사체 드레스, 일명 "정글 드레스"는 엄청난 화제를 모았다.

도나텔라는 2000년 9월 문을 연 호주 퀸즐랜드주 골드코스트에 있는 팔라조 베르사체 호주 리조트를 설계했고, 2016년 11월 문을 연 두 번째 팔라조 베르사체 호텔인 팔라조 베르사체 두바이의 디자인에도 참여했다. 엘튼 존의 에이즈 예방단체를 후원 중이며, 비엔나의 에이즈예방 자선단체인 라이프볼(Life Ball)을 위한 미니 쿠퍼를 디자인하기도 했다.

## 이브 생 로랑 (Yves Saint Laurent)

이브 앙리 도나 마티외생로랑(프랑스어: Yves Henri Donat Mathieu-Saint-Laurent, 1936년~2008년)은 프랑스의 패션디자이너이다. 그는 크리스티앙 디오르의 제자로, 크리스티앙 디오르의 급작스러운 사망 이후 21살이라는 어린 나이에 그를 뒤이을 수석 디자이너로 임명되었다. 1966년 처음으로 여성 정장에 바지 정장을 도입하였으며 사파리 재킷을 고안하였다. 2008년 6월 1일 프랑스 파리의 자택에서 뇌종양으로 생을 마감했다.

1962년 그의 첫 번째 오트 쿠튀르 컬렉션이 발표되고, 뒤이어 수많은 옷이 등장했다. 그의 예술적 취향을 드러내는 몬드리안 원피스와 '팝아트' 컬렉션, 르 스모킹, 남성복의 전유물이던 투피스 바지 정장, 허벅지까지 오는 부츠, 속이 비치는 블라우스 등을 비롯해 아시아와 아프리카 출신의 모델들을 처음으로 런웨이에 세웠다. 모더니스트이자 시대에 발맞춰 움직이는 사디자인을 추구했던 그는 오트 쿠튀르와 함께 리브 고쉬 라는 이름의 고급 기성복 브랜드를 만들었는데 이는 수많은 디자이너의 본보기가 되었다.

## 캘빈 클라인 (Calvin Klein)

캘빈 클라인(Calvin Richard Klein, 1942년~ )은 미국의 패션디자이너이다. 자신의 이름을 따서 캘빈 클라인 상표를 만들었다.

브롱크스에서 자라난 캘빈 클라인은 20살이 되던 62년에 뉴욕에 있는 패션디자인 학교 FIT에서 공부했다. 7번가에 있는 댄 미스타인이라는 제조업체에서 5년간 일하던 중 68년에 사업 파트너인 배리 슈워츠를 만나 자신의 이름을 붙인 의류 사업을 처음으로 시작한다. 가장 먼저 시작한 아이템은 코트였으며, 그의 코트는 69년에 <보그> 표지에 등장하며 두각을 나타냈다.

73년부터 3년간 그는 디자이너에게 최고의 영예인 코티어워드를 3년 연속 수상하여, 명실상부한 미국 최고의 디자이너로 올라섰다.

1970년대부터 지금에 이르기까지 미국적인 패션을 만들어내고 미국 패션을 국제사회에 각인시킨 공로자는 캘빈 클라인이다. 그는 70년대에는 디자이너 진(리바이스로 대표되는 전통적인 진 개념에 패션성을 도입)을 만들어 패션 마니아들을 열광시켰고, 80년대 후반에는 남성의 언더웨어에 새바람을 불러일으켰다. 90년대에는 옵세션(Obsession)과 이터너티(Eternity)라는 향수를 탄생시키는 등 끊임없이 새로운 분야를 개척해왔다. 그의 패션은 심플하며 부담감 없이 입을 수 있는 스타일로 정의할 수 있다. 흰 셔츠, 클래식 진, 카멜 코트, 티셔츠, 니트 스웨터. 이런 아이템들은 빠지지 않는 캘빈 클라인 패션의 기본요소들이다.

또한 그의 성공에서 빼놓을 수 없는 요소는 바로 광고다. 사진작가 부르스 웨버와 함께 한, 어린이와 여자를 등장시킨 광고 캠페인은 성 논쟁을 불러일으키는 등 사회적으로 대단한 반향을 일으켜 캘빈 클라인의 브랜드를 단숨에 널리 알리는 효과를 거두었다. 80년에 첫 성공을 거둔 광고는 "나와 캘빈 사이에는 아무것도 없다"(Nothing comes between me and my Calvin's)는 카피 아래 10대의 브룩 쉴즈가 등장한 청바지 광고였다. 이 광고 카피는 묘한 호기심을 불러일으켰고, 광고 카피의 대명사 중 하나가 됐다. 92년에는 모델 케이트 모스를 등장시킨 광고 사진들로 큰 반응을 얻었다. 그의 패션에서는 삶과 디자인이 떼려야 뗄 수 없는, 한 몸을 이루고 있다. 매끄러운 헤어스타일, 투명한 피부, 부담감 없는 아름다움으로 표현되는 성숙한 여성의 이미지를 그의 패션은 담아내고 있다.

## 피에르 가르뎅 (Pierre Cardin)

피에르 가르뎅(프랑스어: Pierre Cardin, 1922년~2020년)은 이탈리아 출신의 프랑스의 패션디자이너이다. 1950년 본인의 이름을 딴 패션 브랜드를 창립했다.

유니섹스 패션의 선구자인 이탈리아 태생의 프랑스 디자이너인 가르뎅은 기하학적 모양의 사용을 전문으로 하는 것 외에도 기존의 형식을 부정하고 혁신적인 스타일과 미래지향적인 디자인으로 세계적인 인기를 얻었다. 가르뎅의 패션 감각는 직물에만 국한되지 않고 아메리칸 모터스와 계약을 맺어 다양한 제품으로 통합되는 13가지 기본 디자인과 테마로 산업 디자인에 진출했다.

70년 이상 디자이너로 활동한 그는 프랑스 패션의 거장으로 불린다. 2차 세계대전 이후 자신의 부티크를 열어, 미래 지향적인 디자인으로 파리 패션의 '황금기'를 이끄는 데 일조했다는 평가를 받는다. 가르뎅의 이름이 세계적으로 알려진 데는 그의 라이선스 사업 덕이 컸다. 그는 유명 디자이너의 옷을 대량 생산해 대중에게 보급한 대표적인 사례로 꼽힌다. 당시 패션계에서는 낯선 시도였다. 그는 지난 2012년 90세의 나이로 컴백 패션쇼를 여는 등 노년까지 현역으로 활발하게 활동했다. 창의적이고 미래지향적인 패션을 선보였던 패션계의 전설 피에르 가르뎅은 2020년 98세의 일기로 사망했다.

## 조르지오 아르마니 (Giorgio Armani)

조르조 아르마니(이탈리아어: Giorgio Armani, 1934년~ )는 이탈리아의 패션디자이너이다.

1972년 첫 컬렉션을 가졌으며 1974년 처음으로 아르마니라는 자신의 의상실을 열고 남성복을 디자인하였다. 1975년부터 여성복도 디자인하기 시작하였으며 1980년 영화 《아메리칸 지골로》에서 주인공 역인 리처드 기어의 의상을 담당하면서 세계적 명성을 얻었다.

그의 디자인 철학은 과장된 기교 없이 정수만 압축시킨 단순함과 우아함에 있다. 아름답고 완벽한 재단으로 유명하며 뉴트럴 컬러를 선호한다. 현대적이고 화려하지만 절제되고 차분한 재킷으로 기술과 예술의 완벽한 조화를 이룬다는 평을 받는다. 아르마니 재킷의 비밀은 남성 재킷에 있는데, 몸 위에 자연스럽게 걸쳐지는 실루엣을 위해서 그는 재킷 속의 패드와 안감을 떼어냈다. 이것을 여성 재킷에도 적용하였고 남성복과 여성복 슈트의 소재를 함께 사용하는 등 파격을 모험하여, 모던 클래식의 원조로 '재킷의 왕'이라는 칭송을 받는다. 실용적이고 고급스러운 아르마니 재킷은 당시 커리어 우먼들 사이에 붐을 형성했다.

아르마니는 그의 옷을 입는 사람들이 패션의 희생물이 되는 것이 아니라 그의 의상을 통해서 세련되어 보이도록 하는 것을 추구한다. 1920년대에 샤넬, 1930년대에 크리스찬 디오르, 1960년대에 퀀트, 1980년대에 아르마니라고 할 만큼 1980년대의 대표적 디자이너로 평가받는다. 1979년 니만 마커스상, 1983년 미국 패션디자이너협회(CFDA)상을 수상하였다.

### 도나 카란 (Donna Karan)

1948년 뉴욕에서 태어난 도나 카란(donna karan)은 뉴욕을 특별히 사랑하고 대표하는 패션디자이너 중 한 명이다. 1966년 파슨스 디자인 스쿨에 입학하여 재학 중 앤 클라인에서 인턴을 시작한 계기로 1971년까지 근무하다가 앤 클라인이 사망한 이후 수석 디자이너로서 1984년까지 앤 클라인을 이끌었다.

1985년, 도나 카란은 실용적이면서도 고급스러운 캐주얼웨어를 선보이며 미국 패션계에서 입지를 굳혀가며 자신만의 브랜드를 성공적으로 론칭시키며 신축성이 좋은 검정 소재의 보디슈트와 랩스커트 레깅스, 재킷, 코트 등을 선보이며 여성들이 필수적으로 가지고 있어야 할 입기 편한 아이템을 제시했다. 그중에서도 보디슈트는 도나 카란의 트레이드 마크로 떠오르며 굵은 벨트와 헤어 터번을 함께 매치시켜 편안하면서도 관능적인 스타일을 연출했다. 도나 카란은 화려함을 추구하는 영국과는 차별화되는 스타일로 단순하지만, 기능적이고 품질 좋은 옷을 추구했다.

도나 카란의 캐주얼 웨어는 1990년대 캘빈 클라인, 질 샌더가 중심이 된 미니멀리즘의 트렌드로 이어지는 흐름이 되었다. 도나 카란의 옷은 입었을 때 편안한 좋은 품질의 소재를 사용하고, 회색이나 검정 등 맞춰 입기 쉬운 색상으로 과도한 디테일 없이 단순하면서, 동시에 여러 가지 역할을 해야 하는 커리어 우먼들에게 편리하고 실용적인 옷이었다.

도나 카란은 디자인의 기능성에 우선적인 가치를 주었다는 차원에서 샤넬에 비유되며 '커리어 우먼을 위한 옷을 디자인한 뉴욕의 샤넬'이라 불리기도 한다. 도나 카란은 1987년 파슨스로부터 명예 졸업 학위를 수여 받았고, 코티상, CFDA, 평생공로상 등 수많은 상을 받기도 했다.

### 마크 제이콥스 (Marc Jacobs)

마크 제이콥스(영어: Marc Jacobs, 1963년~ )는 미국의 패션디자이너다. 마크 제이콥스(Marc Jacobs)사와 계열회사인 마크 바이 마크 제이콥스 (Marc By Marc Jacobs)의 수석 디자이너이다. 현재 프랑스의 명품 패션 회사 루이비통

(Louis Vuiton)의 디자인 감독이다.

상업성을 최우선의 가치로 삼는 패션스쿨인 뉴욕의 파슨스 디자인 스쿨을 졸업하고 페리 엘리스의 수석 디자이너가 되었다. 페리 엘리스의 패션쇼에서 기존과 전혀 다른 스타일의 디자인을 선보이면서 패션계의 앙팡 테리블로 자리를 잡았다. 1997년부터 2013년까지 루이비통의 수석 디자이너였으며, 2014년 본인의 레이블인 마크 제이콥스와 세컨드 브랜드인 마크 바이 마크 제이콥스를 맡고 있다.

### 칼 라거펠트 (Karl Lagerfeld)

카를 오토 라거펠트(독일어: Karl Otto Lagerfeld, 1933년~2019년)는 독일의 패션디자이너로, 20세기 후반 가장 영향력 있는 패션디자이너 중 한 명으로 알려져 있다.

1933년 함부르크에서 출생했으며 20세 때 파리로 건너와 21세에 국제양모사무국 주최의 디자인 콘테스트에서 여성용 코트 부문 1위를 차지하게 된다. 라거펠트는 피에르 발망에서 보조 디자이너로 시작하여, 1964년 프랑스 브랜드 클로에의 수석 디자이너가 되었고, 1965년부터는 이탈리아로 가서 펜디의 수석 디자이너로 일했다. 프리랜서로 발렌티노, 발렌타인 등 세계적인 유명 브랜드에서 활약했다. 1983년부터 샤넬의 아트디렉터로 부임하면서 샤넬의 전통적인 스타일을 존중하면서도 자신의 색을 담은 샤넬의 새로운 이미지를 창출하는 데 성공한다.

1984년 자신의 이름을 명명한 브랜드, 카를 라거펠트를 선보였다.

### 랠프 로런 (Ralph Lauren)

랠프 로런(영어: Ralph Lauren, 1939년~ )은 미국의 패션디자이너이다. 패션 브랜드 랄프 로렌 코퍼레이션을 설립하였다. 2019년 7월 기준으로, 포브스는 그의 재산을 65억 달러(약 7조 7천억 원, 세계 215위)로 추정한다.

브룩스 브라더스 매디슨 에비뉴 점포에서 영업직원으로 취직해, 십 대부터 의류산업에 종사했다. 뉴욕시립대학교(CUNY) 버룩 칼리지를 중퇴한 후 본격적으로 패션계에 뛰어들었다. 엠파이어 스테이트 빌딩의 작은 공간에서 넥타이를 만들어 뉴욕의 작은 상점들에 판매해 오다가, 뉴욕 니먼 마커스 백화점에서 1,200개의 대량 주문을 받으며 첫 성공을 맛본다. 이후 폴로(Polo)라는 이름의 넥타이가 인기를 끌면서 1968년엔 남성복으로 사업을 확대한다. 1973년 니먼 마커스 패션 어워드를 수상했다.

# 국내 유명한 패션디자이너

## 앙드레 김

1935년 태생으로 신도국민학교와 고양중학교, 한영고등학교를 졸업하였다. 1962년에 디자이너로 데뷔하였다. 같은 해 소공동에 '살롱 앙드레(앙드레 김 의상실)'를 열어 한국 최초의 남성 패션디자이너가 된다. 남성 디자이너에 대한 사람들의 편견 속에서도 개성 있는 디자인과 노력으로 의상 디자인계를 개척한 그는 1966년 파리에서 한국인으로는 최초로 패션쇼를 열었다.

앙드레 김은 1960년대 영화배우 엄앵란 등의 옷을 만들며 알려지기 시작하였다. 1980년에 미스유니버스 대회의 메인 디자이너로 뽑혔으며, 1988년 서울올림픽에서는 대한민국 대표팀의 선수복을 디자인하였다. 2006년에는 서울에서 '문화재 환수 기금 마련을 위한 패션쇼'를 열어 해외 유출 문화재의 반환에 관한 관심을 나타내었다. 특유의 한영 혼용체나 말투 등으로 인해 그의 성대모사가 사람들의 개인기 소재로 많이 쓰이기도 하였다. 닉쿤과 김태희와 같은 배우들이 한층 멋을 더해주었다. KD운송그룹의 유니폼은 그의 유일한 회사 유니폼 디자인이다. 2010년 지병으로 75세를 일기로 세상을 떠난 앙드레 김에게 정부는 대한민국 금관문화훈장을 수여했다.

## 지춘희

지춘희(池春嬉, 1954년 충북 충주 출생)는 대한민국의 패션디자이너이다. 1976년 서울 명동에 작은 옷가게였던 '지'의상실을 열고 패션계에 몸담게 되었다. 1979년부터 미스지 컬렉션 대표로 활동하였으며 1980년 서울 조선 호텔에서 미스지 컬렉션 패션쇼를 하면서 정식으로 '미스지'를 알리게 된다. 자연에서 영감을 얻은 다채로운 색채와 정제된 선과 특유의 여성스러운 디테일을 지닌 옷을 만들어 대중과 스타가 동시에 사랑하는 디자이너로 알려지게 되었다.

1998년 뉴욕 패션쇼, 2007년 백남준 추모 패션쇼, 2010년 서울패션위크, 2011 헌정디자이너 선정 등의 이력이 있다. 톱스타가 가장 사랑하는 디자이너로 고급스러운 여성미를 가장 잘 표현하는 디자이너로 알려져 있다. 지춘희의 지스튜디오는 모든 연령대에 어울리는 고급스러움이라는 브랜드 콘셉트를 가지고 20대에서 50대까지 폭넓은 소비자층에 어필하는 디자인을 선보이고 있다.

## 이상봉

이상봉(李相奉)은 대한민국의 패션디자이너이며, ㈜이상봉의 대표이다. 1975년 패션디자이너 처음 입문한 그는 국제 패션디자인연구원을 거쳐 패션디자이너로 활동하게 된 후 1983년 중앙디자인컨테스트에 입상 후 중앙디자인 정기 컬렉션에 참가함으로써 자신의 이름을 딴 브랜드 'LIE SANGBONG'을 론칭하였다.

1985년에 ㈜Lie Sang Bong Paris을 처음으로 남산에 본사와 명동에 매장을 오픈하였다. 당시 숍에서 쇼복을 판매하지 않았던 불문율을 깨고 컬렉션 의상으로 매장을 구성함으로써 많은 매니아층을 확보하게 된다. 1988~1992년 서울에서 열린 'Cotton Council International'에서 주관하는 'Cotton Show'를 비롯하여 이후 1999년에 파리 프레따 포르떼 전시회를 다시 참가하게 된 것이 본격적인 해외 진출의 시발점이 된다. 2010년 세계 디자인 도시로 선정된 서울특별시의 홍보대사이기도 했다.

## 우영미

1959년생. 성균관대 의상학과 졸업했다. 1988년 솔리드 옴므를 론칭하면서 우리나라 최초로 남성복을 디자인하는 여성 디자이너로 이름을 알렸다. 1993년에는 서울패션위크의 초석인 뉴웨이브 서울을 시작했으며 2002년 파리에서 본인의 이름을 건 브랜드 우영미를 론칭해 세계적으로 유명한 남성복 브랜드로 자리 잡았다. 2011년 파리 의상 조합 정회원이 되고 2014년에는 비즈니스 오브 패션이 선정한 글로벌 패션 500인에 선정되었다. 2006년 파리에 첫 번째 우영미 유럽 단독 매장을 연 것을 시작으로 현재 서울, 도쿄, 홍콩 등 아시아를 비롯해 파리와 런던 등 전 세계 곳곳에 매장을 두고 있다.

## 정욱준

1968년 출생, 1992년 에스모드 서울(ESMOD SEOUL) 졸업.

1992년 패션스쿨 에스모드 서울을 졸업하고, 같은 해 입사하여 1995년까지 쉬퐁의 디자인실에서, 1995년 클럽모나코에서 재직 후, 1997년~1998년에는 닉스에서 디자인 팀장까지 하게 된다. 이후 1999년 신사동 가로수길에서 자신의 브랜드 론 커스텀(LONE COSTUME)을 설립하여 2001년 10월 서울컬렉션에서 첫 쇼를 시작으로 2006년까지 활동했다. 2007년에 론칭한 자신의 이름을 딴 준지(JUUN. J)는 2008년 SS 파리 패션위크에서 데뷔하였다. 이때 컬렉션은 트렌치 코트를 변형시킨 컬렉션으로 기존의 관념을 파괴한 혁신적인 디자인으로 데뷔하자마자 그는 프랑스 르피가로(Le Figaro)가 뽑은 가장 주목받는 디자이너 6인에 선정되기도 한다.

국내 디자이너로는 처음으로 2016 F/W 피티 워모(Pitti Uomo)에 게스트 디자이너로 초청받기도 하였다.

## 박종우

'바조우'라고 불리는 박종우 디자이너는 2003년 패션스쿨 에스모드에 입학해 디자인을 공부하고, 졸업 후 펑크의 고장인 런던과 여러 나라에서 생활하다 2008년 일본에서 드레스 메이커에 입학 후 2012년에 자신의 브랜드인 99%IS를 론칭하였다.

첫 번째 컬렉션에서 레이디 가가, 크리스 브라운, 저스틴 비버 등 세계적인 셀럽들이 많은 관심을 가졌고 세계적인 브랜드 꼼데가르송에서도 협업을 요청할 정도의 핫한 디자이너이자 핫한 브랜드가 되었다. 개성이 강한 브랜드이고 쉽게 대중적으로 다가갈 순 없지만, 강한 아이덴티티를 보여주는 브랜드이다.

### 계한희

1987년생. 영국 센트럴 세인트 마틴스 대학(원)에서 남성복을 전공했다. 2011년 런던 패션위크 FW1112를 통해 패션 브랜드 '카이'로 데뷔했다. '프로젝트 런웨이 코리아', 온스타일의 '세계 3대 패션 스쿨을 가다', '팔로 미(Follow Me)' 등의 방송 프로그램에 출연하기도 했다. 런던 패션위크 SS12, FW213, 뉴욕 패션위크 SS13의 컨셉코리아, 서울 패션위크 SS13에서 컬렉션을 선보였으며, 영국패션협회의 '이머징 탤런트 어워드(Emerging Talent Award)'에 선정됐다. 미국 국적으로 태어났으나 온전한 한국인으로서 패션디자인을 하고 싶어 한국 국적을 취득하기도 했다.

### 서혜인

서혜인은 벨기에 앤트워프 왕립미술아카데미에서 석사학위를 받은 신예 디자이너이다. 국민대 의상디자인학과 3년의 공부를 마친 후 좀 부족함을 느껴 유학을 택하게 되었다. 그 후 패션 웹사이트 브이파일즈(VFILES)의 지원으로 뉴욕 컬렉션에 데뷔하였다. 그녀의 작품 발표는 센세이션을 일으키게 되고 많은 사람의 관심을 받게 된다. 최고 디자이너들의 산실인 앤트워프 왕립 스쿨의 석사 졸업 작품전에서도 그 반응은 뉴욕 컬렉션에 뒤지지 않는 평가를 받았다. 2014 뉴욕에서 '서혜인' 이름 석 자를 각인시킨 첫 데뷔 컬렉션. 고전영화 '불안은 영혼을 잠식한다', 피어 잇츠 더 소울(Fear eats the soul)을 모티브로 80년대 호러 무비 분위기와 함께 음산한 분위기를 연출하였다.

혜인 서(HYEIN SEO)로 론칭하였으며, 패션협회 인터내셔널 패션 쇼케이스(IFS) '베스트 디자이너상'과 2015년 삼성패션 디자인펀드(SFDF)를 수상하였다.

# 세계적인 패션쇼

디자이너들이 작품을 발표하고 패션쇼가 집중적으로 열리는 기간을 '패션위크(Fashion Week)'라고 한다. 패션위크 기간에는 여러 디자이너의 패션쇼를 비롯한 행사가 개최된다. 패션위크가 열리는 1~3월과 8~10월이 되면 패션계는 더욱 분주해진다. 패션위크 동안의 컬렉션에는 크게 오트쿠튀르(haute couture)와 프레타포르테(pret-a-porter)가 있다. 오트쿠튀르에서는 소수의 고객만을 위한, 고객의 니즈를 충족시킬 맞춤복을 선보인다. 대량생산을 하는 기성복과 달리 맞춤 제작을 하기에 예술성에 포커스를 맞추며 오직 파리 컬렉션에서만 볼 수 있다. 프레타포르테는 고급 기성복을 선보이는 패션쇼이다. 뉴욕, 런던, 밀란, 파리 등에서 시즌별로(S/S, F/W) 2번 개최한다. 값비쌀 수밖에 없는 오트쿠튀르에 비하여 상대적으로 저렴하면서도 생산성과 산업성이 결합한 형태의 옷을 선보인다.

패션위크가 시작되면 밤과 낮을 교차하며 시간이 흘러가는 곳, 패션의 중심이 되어 유행을 이끄는 곳으로 2주일간 모든 이목이 쏠린다. 현재 전 세계에서 가장 권위 있는 패션위크는 뉴욕, 런던, 밀라노, 파리로 보고 있다.

## 뉴욕 패션 위크

1년 중 S/S컬렉션은 2월, F/W컬렉션은 9월에 뉴욕에서 개최된다. 세계 2차대전 당시 다음 시즌의 컬렉션을 보기 위하여 프랑스로 갈 수 없던 언론인들을 위해 미국 디자이너들의 행사를 집결시켰던 것이 시초가 되었다. 초대받은 사람만 쇼 관람이 가능하다. 2015년 이후로 뉴욕 컬렉션은 최초의 복합예술공간이자 현재는 세계 문화의 중심지로 우뚝 선 링컨센터에서 개최되고 있다. 뉴욕 컬렉션의 주요 브랜드는 Donna Karan, Calvin Klein, Marc Jacobs 등이 있다.

## 런던 패션 위크

　S/S컬렉션은 2월에, F/W컬렉션은 9월에 런던에서 개최된다. 런던 패션위크에서는 대중성보다는 다양한 콘셉트의 장르가 주를 이룬다고 할 수 있다. 특히 매니아 층이 존재하여 런던에서 열리는 패션위크의 영향력이 점차 커지고 있다. 런던 컬렉션에 참여하는 주요 브랜드에는 PAUL SMITH, Vivienne Westwood, Buberry 등이 있다.

## 밀라노 패션 위크

　S/S 컬렉션은 2~3월, F/W 컬렉션은 9~10월 중에 개최된다. 쇼는 스튜디오나 쇼룸 같은 실내에서도 진행하지만, 이탈리아 역사의 기록이 있는 장소에서도 진행되어 쇼뿐만 아니라 역사의 장도 볼 수 있다는 것이 특징이다. 밀라노 패션위크에서는 이목구비가 뚜렷한 잘생기고 예쁜 모델들이 참여하기로 유명하다. 밀라노 컬렉션의 주요 브랜드에는 GUCCI, PARADA, FENDI, DOLCE&GABBANA 등이 있다.

　S/S 컬렉션에서도 오트쿠튀르는 1월~2월, 프레타포르테는 10월에 개최된다. F/W컬렉션 중 오트쿠튀르는 7월~8월, 프레타포르테는 4월에 개최된다. 세계에서 가장 권위 있는 4대 컬렉션 중에서도 가장 성대하고 전통 있으며, 그 영향력이 몹시 커서 세계 패션의 방향을 결정한다. 예술적이고 자유로운 이미지가 강한 파리 컬렉션은 우아함, 풍부한 감성, 전통적인 장인정신, 예술적인 표현, 화려함이 특징이다.

　파리 컬렉션의 주요 브랜드로는 Chanel, Givenchy, Hermes 등이 있다.

# 패션 산업이란?

패션 산업은 원래 의복인 신사복, 여성복, 아동복, 니트웨어나 액세서리의 소재에서 기성복의 기획, 생산 판매에 종사하는 업계 전체를 가리키며, 속옷이나 실용성이 높은 의류를 제외하고 시대나 유행에 좌우되기 쉬운 위험 요소가 큰 상품을 다루는 산업으로 이해되고 있다. 그러나 넓은 뜻으로 패션 산업은 패션에 관한 모든 사업 분야부터 액세서리 관련품은 물론 보석 장신구, 모피, 레저업계 등의 관련 산업이나 트렌드 사무소, 스타일 에이전시, 바잉 오피스, 컨설팅업, 선전, 광고, 출판이나 저널리즘 등의 보조산업까지의 업계를 포함한다. 더욱이 오늘날 패션은 의복뿐 아니라 화장품, 미용 인테리어, 가전품, 주방 기구, 자동차, 음식, 음악, 영상 등 생활의 모든 분야에 침투하고 있으며, 유행이나 정보성이 요구되는 산업은 모두 패션 산업이라고 보는 견해도 있다. 그러나 여기서는 일반적으로 말하는 의류에 관련하는 일련의 산업군으로 파악한다.

'패션 산업'이나 '패션 비즈니스'라는 용어는 일반적으로는 1960년대 중반 이후부터 사용되기 시작한 것으로서, 그때까지는 섬유 공업이나 섬유 산업의 총칭으로 불렸고 패션 산업의 중핵을 점하는 의류 제조업체에서조차 기성복 산업, 양품업이나 이차제품업 등으로 불렸다. 그러나 1960년대 이후 유럽과 미국의 패션 비즈니스의 수법이 도입되고 사람들의 패션 의류에의 관심의 고조 등, 유행이나 시대에 예민한 의류를 다루는 기업군을 점차로 패션 산업이라고 부르게끔 되었다.

패션 산업은 많은 이질(異質)의 중소기업체부터 구성되며, 그 유통경로도 복잡하고 일반으로 상류인 제1차 단계(원재료나 소재, 섬유의 제조 공급자), 중류인 제2차 단계(소재, 섬유를 가공하여 의복의 완성품으로 생산 제공하는 제조업, 도매업), 하류인 소매단계(제2차 단계보다 상품을 구매하여 그것을 생활자에게 직접 공급한다) 외 3단계로 나뉘며, 관련 산업이나 보조산업과 연계하면서 비즈니스 활동을 한다.

　패션 산업은 패션이나 유행이라고 하는 시간과 싸우며 사람들의 욕구를 탐색하면서 시대를 타이밍에 맞게 선취하고, 매력적인 상품을 제공하는 일로 숙명지어진 산업으로서 의복이라는 물건을 팔면서도 그 실제는 정보나 소프트 서비스, 라이프 스타일의 제공이 요구되는 분야이다. 이와 같은 특징에서 '생활 창조 제안 산업'이라고도 일컬어지고 있다.

# 한국 패션의 100년사

## ■ 명동 시대: 1945~1960s

서울의 봄은 명동 양장점의 쇼윈도에서부터 시작됐습니다. 최경자와 노라 노는 그 중심에서 한국 패션의 싹을 틔운 선구자적 1세대 디자이너들입니다. 먼저 최경자는 일본에서 양재 기술을 배운 후 1937년 함흥에 '은좌옥'이라는 이름의 양장점과 국내 최초의 패션 교육기관인 함흥양재전문학교를 연이어 설립했습니다. 한국전쟁이 끝나자 명동2가에 국제 양장사의 문을 열었습니다. 한복의 무지개 속치마를 응용해 치맛단의 볼륨감을 살리고 이세득 화백이 옷감에 그림을 그린 청자 드레스는 1959년 한국에서 처음 열린 국제 패션

쇼 당시 선보인 것으로 한국적인 색감과 우아한 실루엣은 최경자 디자인의 특징입니다. 또 1961년 설립한 국제복장학원(국제패션디자인학원)은 한국 패션의 산실로 앙드레 김, 이신우, 이상봉 등 유수의 디자이너들이 이곳을 거쳐 갔습니다. 1968년엔 패션 전문지 〈의상〉을 창간하며 디자이너이자 교육자, 패션 언론인으로서 한국 패션의 토대를 만들었습니다.

노라 노는 유행을 창조하고 즐겼습니다. 미국에서 패션을 공부하고 돌아온 노라 노는 1952년 명동에 '노라노의 집'이라는 간판을 달고 명동을 오가는 멋쟁이 아가씨들의 마음을 사로잡았습니다. 국제적인 감각을 지닌 노라 노의 세련된 스타일은 당시 신인 여배우였던 엄앵란을 단숨에 한국의 오드리 헵번으로 만들었고, 당대 톱스타들로부터 열렬한 사랑을 받았습니다. 윤복희가 첫 서울 리사이틀 공연에서 입었던 검정 A라인 미니 드레스, 펄 시스터즈의 앨범 재킷 의상도 노라 노가 디자인한 것입니다. 패션쇼의 개념조차 생소하던 1956년 반도호텔에서 국내 최초로 패션쇼를 연 노라 노는 누구보다 먼저 기성복에 도전해 1979년 뉴욕 메이시백화점 쇼윈도 15개를 점령하기도 했습니다. 지금도 현역 디자이너로서 왕성하게 활동하고 있는 노라 노가 패턴 디자인한 옷들은 중동과 유럽 여러 국가로 수출되고 있습니다.

## ■ 청춘의 청바지: 1970s

한국전쟁 이후 태어난 베이비 붐 세대의 청춘은 통기타와 생맥주, '쎄씨봉'과 같은 음악다방, 그리고 나팔 청바지로 추억됩니다. 경제개발 5개년 계획과 새마을운동 등 급격한 산업화의 물결 속에서 섬유 산업이 성장한 시기이기도 합니다. 신현장의 와라실업은 국내 최초로 데님 의류를 대량 생산하며 '진 웨어 전국 순회 패션쇼'를 개최해 전국적인 데님 열풍을 몰고 왔습니다. 1971년 뉴욕 유학을 마치고 돌아온 신혜순이 귀국 기념 의상 작품 발표회에서 선보인 스웨이드 소재의 판탈롱 팬츠 수트와 홈 웨어의 대명사로 불리던 신즈 부띠끄의 히피 스타일 롱 드레스, 와라의 데님 셔츠와 조끼 등은 한국현대의상박물관이 보존하고 있는 1970년대의 상징적 패션입니다. 고고춤과 함께 미니스커트, 장발이 풍기문란을 이유로 정부에 의해 단속되던 유신 정권 시절이었지만, 표현의 욕구가 억압될수록 패션을 향한 열망은 더욱 뜨거워졌습니다. 1970년대 젊은이들에게 패션은 곧 자유를 의미했습니다.

## ■ 총천연색 디스코: 1980s

컬러 TV의 등장과 함께 시작된 1980년대의 현란한 패션 디스코!

88 서울올림픽이 열리고 프로야구가 출범한 이 군사 정권 시대는 기이할 만큼 모든 게 과장되고 총천연색으로 번쩍거렸습니다. 패션 역시 마찬가지입니다. 두툼한 패드를 집어넣어 부풀린 어깨와 허리를 강조한 벨트, 속칭 디스코바지로 불리던 광택 소재의 타이티한 하의와 가수 소방차가 즐겨 입던 배기 스타일의 주름 바지(승마 바지)가 유행했습니다. 개성 강한 톱 디자이너들이 참여한 코튼 쇼도 이 시대에 열렸습니다. 섹시한 디바 룩을 선보인 트로아 조, 1970년대 톱 모델에서 패션디자이너로 변신한 루비나, 스와로브스키로 장식한 파워 숄더 드레스로 가수 인순이를 보석처럼 빛나게 만들어준 신장경 등 1980년대 대표 의상들이 전시장의 화려한 미러볼 조명 아래에서 춤을 춥니다.

## ■ Blooming Fashion Korea: 1990s

국내 패션 산업이 만개한 1990년대는 한국 디자이너들의 전성시대였습니다. 차세대 젊은 디자이너들을 주축으로 한 '뉴 웨이브 인 서울 컬렉션'이 연이어 열리며 컬렉션 문화가 활성화되었습니다. 정부의 개방화 정책과 해외여행 자유화 등으로 해외 브랜드가 국내 시장에 유입되기 시작하고, 국내 디자이너들의 해외 진출도 본격적으로 이뤄졌습니다. 강남의 힙합 패션, 강북의 복고 패션, 홍대 뮤지션들의 펑크 룩, 도회적인 커리어 우먼의 미니멀 룩, 아방가르드와 그런지 룩이 혼재했으며, 새로운 세기의 탄생을 앞두고 미래적인 사이버 펑크 룩이 등장하기도 했습니다. X세대, N세대라는 신조어를 탄생시킨 10대와 20대가 주요 소비층으로 떠올랐고, 서태지, HOT, 김희선,

심은하 등 인기 스타의 패션은 곧 전국구 트렌드가 되어 빠르게 소비되었습니다. 〈보그 코리아〉를 비롯한 라이선스 패션 매거진이 국내에 창간된 것도 1990년대 중반 무렵입니다.

## ■ K-Style: 2000s~현재

한국적인 스타일이란 무엇인가? 인터넷의 발달로 지리적 경계가 무의미해진 오늘날의 한국 패션을 어떻게 정의할 수 있을까? 한류 열풍과 함께 요즘은 세계 어디서나 한국 패션을 만날 수 있습니다. IMF와 글로벌 금융 위기 이후, 해외 디자이너 브랜드 및 SPA 브랜드와 경쟁해온 국내 패션계는 변혁의 시대를 겪으며 어느 때보다 크게 성장해가고 있습니다. 패션 전문 케이블 채널을 통해 스타 디자이너가 탄생하기도 하고, 시즌 컬렉션은 실시간 SNS를 타고 전 세계로 퍼져나갑니다. 지난 100년간의 모든 유행이 단 10년 사이에 한꺼번에 쏟아져 나오며 시대적 경계마저 사라졌습니다.

패션에 있어서 만큼은 성별도, 계절도, 나이도 무색합니다. 운동복이나 잠옷, 속옷이 새로운 패션 트렌드가 되고, 만화 캐릭터가 패셔니스타가 되기도 하며, 환경과 동물보호에 대한 윤리적 이슈는 물론, 햄버거 포장지조차 패셔너블해질 수 있는, 그야말로 '무엇이든 패션'의 신세계가 열렸습니다. 그렇다면 우리만의 독특한 그 무엇은 무엇일까? 전통과 현대, 정신과 물질이 충돌하는 이 기묘한 런웨이가 하나의 답이 될 수 있을 것입니다. 조선시대 민화와 서예부터 우리나라를 대표하는 사진작가들이 포착한 한국의 기와 이 땅의 맨얼굴이 동시대를 사는 한국의 글로벌 패션과 한 무대에서 워킹을 합니다. 지극히 사소한 일상이 화려한 쇼의 일부가 됩니다. 거울에 비친 관객 역시 21세기 한국 패션의 얼굴입니다.

출처: 문화역서울 284

# 패션디자인 관련 도서와 영화

## 관련 도서

### 패션을 뒤바꾼 아이디어 100가지 (해리엇 워슬리 저/ SEEDPOST)

　지난 20세기는 '변혁의 시대'라 해도 과언이 아닐 정도로 다양한 분야에 걸쳐 수많은 진화와 발전을 거듭해온 시기이다. 그리고 이는 여성의 패션에도 엄청난 영향을 끼쳤다. 숨 막히는 코르셋과 바닥에 질질 끌리는 드레스를 입던 1900년대에서 겨우 100년이 지났을 뿐인데, 오늘날엔 미니스커트를 입고 비행기로 여행하고 인터넷으로 쇼핑하는 시대가 온 것이다.

　이 책은 지난 100년간의 패션 역사를 혁신적으로 변화시킨 100가지 아이디어를 조명하고 설명하기 위한 책이다. 특히 '코르셋의 종말'에서부터 '샤넬 No. 5', '에코 패션'에 이르기까지 패션 아이템은 물론, 인물, 브랜드, 사회 현상까지 아우르는 다양한 키워드들로 가득한 것이 특징이다. 그리고 각 아이디어는 연대순으로 배열하여, 변화의 초점을 시간의 흐름에 따라 파악할 수 있도록 했다. 이와 함께 코코 샤넬, 엘사 스키아파렐리, 이브 생 로랑, 비비안 웨스트우드 등 이름만으로도 무게가 느껴지는 세계 최고 패션 디자이너들의 업적도 함께 정리하고 있으며 패션의 흐름을 크게 바꾼 요인 중 하나인 정치적·경제적 사건들을 총망라해 '패션'의 화려한 겉모습뿐만 아니라 그 속에 숨어 있는 본질 그리고 앞으로의 무궁무진한 발전 과정을 상상하는 기회를 제공한다.

## 최고의 명품, 최고의 디자이너 (명수진 저/ 삼양미디어)

좋은 취향과 괜찮은 스타일을 갖고 싶지만, 무엇을 사야 할지 몰라 카드를 혹사하는 이들에게 건네는 최고의 명품 해설서!

자신의 스타일을 알고, 그에 맞추어 쇼핑하는 것이 아니라 명품이기에 일단 사고 보는 '패션 빅팀'들을 위한 패션 전문 에디터의 친절한 명품 입문서이다. 우리에게 익숙한 여성 패션과 남성 패션을 비롯하여 액세서리, 향수, 가구 및 생활가전 부분까지 다양한 분야에 걸쳐 해당 분야 최고의 디자이너와 스타일을 꼼꼼하게 짚었다. 그뿐만 아니라 패션계 내부에 있기에 파악할 수 있는 핫한 브랜드와 그들의 속 이야기들을 맛깔스러운 문장으로 재미있게 풀어내었다. 페이지마다 포함되어 있는 올 컬러의 화려한 화보와 이미지는 독자들의 읽는 즐거움을 더한다.

## 패션의 탄생 (강민지 저/ 루비박스)

3초에 한 번씩 볼 수 있다 하여 '3초 백'이라는 별명을 얻은 루이뷔통의 '모노그램 백', 마릴린 먼로, 오드리 헵번 등 당대 최고의 스타들이 사랑했던 페라가모 구두, 영원한 스테디셀러 향수 '샤넬 넘버5', 몇 년이나 기다려야 살 수 있다는 에르메스의 '버킨 백'. 사람들이 열광하는 패션 브랜드와 전설적인 아이템들은 어떻게 탄생했을까? 또 수백만 원에서 수천만 원까지도 호가하는 엄청난 가격에도 불구하고 불황 속에서도 죽지 않는다는 '명품'들이 명품이라는 찬사를 받는 이유는 무엇일까? 그동안 패션과 패션 디자이너, 브랜드에 대해 궁금했던 모든 것이 이 한 권에 담겨있다. 위대한 패션 디자이너들과 브랜드의 역사를 쉽고 사랑스러운 '만화'로 풀어낸 책이다.

## 더 스트리트 북 (조쉬 심스/ 1984)

우리가 알고 있는 스트리트 패션 브랜드들에 대한 모든 것을 한 권에 담았다. 오베이(Obey), 베이프(Bape), 애딕트(Addict), 스투시(Stussy) 등의 스트리트웨어부터 나이키(Nike), 아디다스(Adidas)같은 스포츠웨어, 그리고 디키즈(Dickies), 칼하트(Carhartt) 등 워크웨어까지 빼곡히 담아낸 이 책은 각 브랜드의 기원과 역사, 성취, 전망에 대해 성실하고도 흥미롭게 풀어낸다.

이 책을 통해 뮤지션이자 컬처 아이콘 퍼렐(Pharrell)이 BBC를 어떻게 설립하게 되었는지, 오베이의 앙드레 아이콘에 얽힌 사연은 무엇인지, 그리고 스케이터들이 디키즈 바지를 선호하는 이유 등 세계에서 가장 유명한 스트리트 브랜드들에 얽힌 다양한 궁금증에 대한 해답을 얻을 수 있을 것이다.

## 50인의 패션 (보니 잉글리쉬 저/ 미술문화)

세계 패션을 선도해온 디자이너 50인을 만나다!

세계에서 가장 영향력 있는 『50인의 패션』 코코 샤넬부터 크리스티앙 디오르, 조르조 아르마니, 비비안 웨스트우드 등 19세기 말부터 현재까지 패션 산업에서 핵심적인 50인의 삶과 업적을 자세하고도 이해하기 쉽게 소개한다. 패션디자인의 네 분야, 즉 오트 쿠튀르, 프레타포르테, 현대 아방가르드, 액세서리와 레저웨어로 나누어 각 인물의 핵심 아이디어와 혁신 및 주된 공헌에 대해 다루었다. 동시에 패션의 역사에서 중요한 획을 그은 10가지의 테마를 함께 고찰하였다. 당대의 패션 트렌드가 어떻게 등장했는지에 대한 자세하고도 유익한 정보를 통해 패션의 세계에 좀 더 가까이 다가설 수 있을 것이다.

## 더 패션 아이콘즈 (조쉬 심스 저/1984)

유명한 아이템들을 품목별로 분류, 즉 겉옷과 바지, 신발, 속옷, 정장, 셔츠&스웨터, 액세서리 등 7가지 큰 카테고리 속에 아이콘의 유래와 역사, 디자인이 탄생하기까지의 이야기, 처음 시작한 브랜드나 회사 그리고 오늘날의 형태가 어떻게 만들어지게 되었는지 흥미롭게 풀어놓았다. 173점의 컬러 도판을 포함해 총 264점의 사진 자료도 포함되어 있다. 게리 쿠퍼, 살바도르 달리, 앤디 워홀, 스티브 맥퀸, 그레고리 펙, 클라크 게이블 등 한 시대를 뒤흔든 스타들은 어떤 옷을 입었는지, 그들이 입어서 유행이 된 옷은 어떤 것인지, 그 모습을 보는 재미도 쏠쏠하다.

## 디자이너가 아닌 사람들을 위한 디자인북 (로빈 윌리엄스 저/ 라의눈)

서체 하나, 선 하나만 바꿔도 완전히 달라지는, 디자인과 타이포그래피의 놀라운 비밀!

이 책은 '디자이너가 아닌' 사람들을 위한 '디자인 책'이다. 따라서 디자인 이론이나 용어를 전혀 몰라도, 누구나 따라 하기만 하면 디자인을 이해하게 되고 또 직접 디자인을 할 수 있게 해준다. 저자는 나쁜 디자인과 그것을 수정한 좋은 디자인의 예를 페이지마다 보여준다. 그런데 놀라운 것은 선 한 줄, 서체 하나만 바꿔도 완전히 다른 디자인처럼 인식되고 내용도 달라져 보인다는 것이다. 디자인의 4가지 기초원리부터 타이포그래피, 색상 선택에 이르기까지 기본적인 디자인을 모두 다루고 있는데, 그 모든 것이 매우 쉽다는 게 가장 큰 특징이다.

## 팀건의 우먼 스타일북 (팀건 저/ 웅진리빙하우스)

인기 TV 시리즈 [프로젝트 런웨이]의 명품 진행자이자 패션 코치인 팀 건. 끼와 능력으로 똘똘 뭉친 신예 디자이너들에게 냉정한 쓴소리와 따뜻한 조언을 아끼지 않는 스타일 멘토이자 패션 코치인 그가 여성들을 위한 스타일북을 내놓았다.

그의 첫 책인 『팀 건의 우먼 스타일 북』에는 파슨스의 학장이었던 그의 패션 철학과 수십 년 스타일 노하우가 집약되어 있다. 그는 이 책을 통해 자신의 체형에 맞는 옷을 고르는 법부터 옷장 정리, 시간과 장소에 따른 쇼핑 방법 등을 알려준다. 특히 옷장 속에 꼭 갖고 있어야 할 머스트해브 아이템 10은 놓쳐서는 안 될 핵심 팁이다. 또한 10장의 레슨이 끝나면 Tim Gunn's Style Coaching 페이지를 통해 필요한 항목을 한눈에 확인할 수 있어 쇼핑과 코디에 어려움을 느끼는 당신에게 꼭 맞는 해결책을 제시할 것이다.

## 패션 포트폴리오 이렇게 만든다 (스티븐 퍼럼 저/ 디자인하우스)

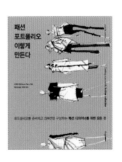

포트폴리오 제작법을 단계적으로 배우다!

패션 디자이너와 예비 패션 디자이너에게 지침과 지혜를 건네는 『Design School』 제6권 『패션 포트폴리오 이렇게 만든다』. 파리에서 리우데자네이루까지 주요 도시에서 패션 위크가 개최되는 오늘날, 무한한 기회가 있지만, 경쟁이 치열한 패션계에서 디자이너로서 돋보이는 솜씨로 성공을 거두려면 자신을 프로페셔널하게 드러내는 방법을 알아야 한다.

이 책에서는 디자이너의 재능을 부각하는 포트폴리오 제작법에 관해 소개하고 있다. 고용주가 요구하는 필수 자질과 함께 드러내야 할 모범 작품에 대해 다루고 있다. 아울러 멋진 데뷔를 알리는 졸업 컬렉션을 준비하는 방법뿐 아니라, 디자이너로서의 비전을 제시하는 자기소개서 작성법, 면접 준비법 등에 대해 일목요연하게 설명한다. 패션계에서 디자이너로서 꼭 가져야 할 능력과 자질을 배우고 실천하게 될 것이다.

# 관련 영화

## 이브 생 로랑 (2014년/ 106분)

크리스찬 디올의 갑작스런 사망 후, 이브 생 로랑은 21살이라는 어린 나이에 그를 뒤이을 수석 디자이너로 임명된다. 패션계의 모든 이목이 쏠린 가운데 첫 컬렉션을 성공리에 치른 이브는 평생의 파트너가 될 피에르 베르제를 만나게 된다. 그 후 두 사람은 함께 이브 생 로랑의 이름을 내세운 개인 브랜드를 설립하고 이브는 발표하는 컬렉션마다 센세이션을 일으키며 세계적인 디자이너로 발돋움한다. 하지만 이브가 모델, 동료 디자이너들과 어울려 방탕한 생활에 빠지면서 베르제와의 갈등은 깊어지고 조울증도 더욱 악화가 되는데...

## 드레스 메이커 (2016년/ 118분)

패션은 화려하게, 복수는 우아하게! 드레스메이커, 총 대신 재봉틀을 들었다!

25년 전 소년 살인사건의 범인으로 몰려 억울하게 쫓겨났던 틸리(케이트 윈슬렛). 어느 날 갑자기 디자이너가 되어 고향으로 돌아온다. 화려한 드레스 선물로 자신을 경계하던 사람들의 환심을 얻고 그간 엄마를 돌봐준 테디(리암 햄스워스)와 새로운 사랑도 시작한다. 그러나 평화도 잠시, 틸리는 과거의 사건 뒤에 숨겨졌던 엄청난 비밀을 찾아내면서 마을로 돌아온 진짜 이유를 실행하는데...

어딘지 수상한 마을 사람들과 더 수상한 드레스메이커, 총 대신 재봉틀을 든 세상에서 가장 화려한 복수가 시작된다!

## 마드모아젤C (2014년/ 93분)

패션계의 뮤즈 카린 로이펠트!

패션을 빼놓고 그녀의 삶을 논하지 마라!

쉴 새 없이 도전하는 그녀의 새로운 역사가 시작된다!

세계적인 패션잡지 '보그'에서 10년간 편집장 생활을 하며 정상의 자리를 지켜온 카린 로이펠트.

그녀는 '보그'를 떠나 자신만의 새로운 패션지를 창간하기로 마음먹는다.

유명 디자이너의 뮤즈이자 스타일리스트를 거쳐 세계적인 패션지의 편집 장으로 명성을 떨쳤던 과거를 잠시 묻어두고, 자신의 이름을 내건 패션 북 CR 론칭을 위해 모든 노력을 쏟지만, 그 제작 과정은 쉽지 않은데...

과연, 그녀의 새로운 도전은 성공적으로 끝날 수 있을까?


## 악마는 프라다를 입는다 (2006년/ 109분)

최고의 패션 매거진 '런웨이'에 기적 같이 입사했지만 '앤드리아'(앤 해서웨이)에겐 이 화려한 세계가 그저 낯설기만 하다. 원래의 꿈인 저널리스트가 되기 위해 딱 1년만 버티기로 결심하지만, 악마 같은 보스, '런웨이' 편집장 '미란다'(메릴 스트립)와 일하는 것은 정말 지옥 같은데...

24시간 울려대는 휴대폰, 남자친구 생일도 챙기지 못할 정도의 풀 야근, 심지어 그녀의 쌍둥이 방학 숙제까지! 꿈과는 점점 멀어진다.

잡일 전문 쭈구리 비서가 된 '앤드리아'

오늘도 '미란다'의 칼 같은 질타와 불가능해 보이는 미션에 고군분투하는 '앤드리아'

과연, 전쟁 같은 이곳에서 버틸 수 있을까?

## 디올 앤 아이 (2015년/ 89분)

모두가 주목했지만, 누구도 예상치 못했던 명 컬렉션의 탄생!

크리스챤 디올 8주간의 비하인드 스토리!

미니멀리스트이자 남성복 전문 디자이너로 승승장구하던 질 샌더의 라프 시몬스는 크리스챤 디올의 수석 디자이너로 임명받는다. 모두가 주목했지만, 누구도 성공을 예상하지 않았던 그의 첫 오뜨 꾸뛰르 컬렉션까지 남은 시간은 단 8주. 처음 맞춰보는 아뜰리에와의 호흡은 쉽지 않고, 크리스챤 디올의 무게는 그를 불안하게 한다. 하지만 타고난 재능과 독창적인 상상력으로 패션계의 흐름을 바꾼 명 컬렉션이 탄생하는데...

## 팩토리 걸 (2007년/ 90분)

1965년, 전세계가 그들을 주목했다!

1965년, 섹스, 마약, 로큰롤, 모든 혼란의 중심 뉴욕. 캠벨수프를 이용한 파격적인 전시로 현대 예술의 개념을 뒤흔든 앤디 워홀(가이 피어스)은 한 사교파티에서 자유롭게 춤을 추고 있는 아름다운 여자를 발견한다. 그녀의 이름은 에디 세즈윅(시에나 밀러). 오드리 헵번을 꿈꾸며 뉴욕으로 건너와 패션모델을 하는 그녀는 이제껏 발견할 수 없었던 독특한 스타일의 소유자였다. 앤디는 그녀가 자신이 꿈꾸는 새로운 예술의 뮤즈가 될 것을 직감한다.

앤디와 에디, 그들의 강렬하고 매혹적인 기억 속으로...

앤디는 에디를 자신의 모든 작업이 이루어지고 있는 '팩토리'로 초대한다. 그의 실험영화 주연으로 발탁된 에디는 그가 창조하는 예술의 동반자이자 뮤즈로서 순식간에 유명해진다. 하지만 언제부터인가 에디는 자신이 피사체일 뿐, 팩토리의 일원은 아니라는 소외감을 느끼기 시작하고, 그런 그녀 앞에 빌리(헤이든 크리스텐슨)라는 록스타가 나타나는데...

## 코코 샤넬 (2009년/ 110분)

가수가 되고 싶고, 배우가 되고 싶었던 코코

하지만 거부할 수 없는 그녀의 운명이 '샤넬'을 탄생시킨다.

가수를 꿈꾸며 카페에서 춤과 노래를 즐기던 재봉사 '샤넬'은 카페에서 만난 '에티엔 발장'을 통해 상류 사회를 접하게 된다. 코르셋으로 대표되는 화려함 속에 감춰진 상류 사회 여성들의 불편한 의상에 반감을 지닌 그녀는 움직임이 자유롭고 심플하면서 세련미 돋보이는 의상을 직접 제작하기에 나선다. 그러던 중, '샤넬'은 자신의 일생에서 유일한 사랑으로 기억되는 남자 '아서 카펠'을 만나게 되고, 그녀만의 스타일을 전폭적으로 지지해 주는 그의 도움으로 자신만의 숍을 열게 되는데...

전 세계 여성들의 영원한 로망,

'샤넬'의 감춰졌던 비밀스러운 이야기가 스크린에 펼쳐진다!

# 생생 인터뷰 후기

❋ 저자 이사라

　사람을 좋아하는 만큼 손으로 직접 만들어내는 것을 좋아하며, 학창 시절부터 간간이 옷, 가방, 액세서리 등 직접 자신의 것을 만들던 그 과감함과 열정이 흘러가는 세월에 의해 다 식기 전, 현직의 디자이너들에 대한 궁금증에 작은 불씨가 되었다.

　함께 학창 시절을 보내고 함께 입시 미술을 했던 지인들 중 대부분이 자신의 전공과 상관없이 자신의 길을 턴하고 새로운 길을 개척해 살아가고 있는 와중에 묵묵히 그 분야의 자리를 지키며 '패션디자이너'로서 자리 잡은 몇몇 지인들의 삶을 보며 '참 멋있다'는 생각과 함께 결국은 나와 다른 길을 걸어온 그들의 삶, 그 직업인으로서의 삶은 과연 어떨까 궁금했다.

　그리고 그들의 삶을 꿈꾸는 학생들에게 그들의 이야기를 전해주고 싶은 마음으로 본 인터뷰가 본격 시작되었으며, 더 다양한 세부 분야의 패션디자이너들의 삶에 대한 관심으로 증폭되었다. 멀리서 보면 막연히 여유롭고 화려하게만 보이는 '패션디자이너'의 삶이 현실은 물속에서 열심히 발길질하는 백조의 삶처럼 결코 쉽지 않다는 것을 디자이너분들의 이야기를 통해 많이 느꼈으며 그럼에도 불구하고 자신의 하는 일에 대한 확신과 애정을 많이 느꼈다.

　마찬가지로 학생들 또한 자신이 가고자 하는 분야에 대한 열정과 애정, 확신이 있다면 잠시 어렵고 헤매는 시간이 오더라도 결국에는 더 멋지게 해낼 수 있다는 것을 각 분야의 패션디자이너분들의 삶과 지금도 계속되는 그들의 도전을 통해 패션디자이너를 꿈꾸는 학생들에게 응원의 메시지와 함께 전해주고 싶다.